Yvonne Kejcz
Barbara Schöning

Hunde

halten und verstehen

KOSMOS

Welcher Hund passt zu mir?

Der Hund zieht ein

Gesunde Ernährung

Richtige Pflege

Rundum gesund ▸ 67

Erziehung leicht gemacht ▸ 79

Freizeitpartner Hund ▸ 99

Wie der Wolf zum Hund wurde ▸ 118

Verhaltensentwicklung bei Welpen ▸ 125

Arterhaltung oder Egoismus ▸ 146

Rangordnung ▸ 156

Territorialverhalten ▸ 175

Kommunikation 179

Aggression 199

Spielverhalten 222

Service 230

Welcher Hund passt zu mir?

Welcher Hund passt zu mir?

Am Anfang war der Hund

Wissenschaftler rücken den Start der Partnerschaft zwischen Mensch und Hund immer weiter zurück in graue Vorzeiten. Was heute unsere Archäologen mühsam beweisen, davon erzählen die Mythen der Naturvölker schon immer: Hund und Mensch gehören danach von Anbeginn der Zeiten zusammen. Der Hund bringt in vielen dieser Mythen den Menschen das Feuer, manchmal stiehlt er es für seine Freunde. Mit dem »Besitz« des Feuers aber wurde die menschliche Entwicklung erst möglich. Der Hund steht in diesen Legenden also als zentraler Entwicklungshelfer für die menschliche Geschichte.

Und bevor es Menschen gab, hatten die Götter schon Hunde, die sie begleiteten, die wachten und die Botschaften brachten. Gudrun Beckmann beschreibt in ihrem Buch viele dieser wunderbaren Geschichten, die alle eine Botschaft haben: Ohne Hunde keine Kultur, keine effektiven Jagdtechniken, keine Kenntnis von Nutzpflanzen. Hunde helfen Menschen von der Welt der Lebenden in die der Toten und sie wachen über die Grenze zwischen beiden. Für seine Leistungen für die Menschen darf der Hund an ihrem Lager leben und wird gefüttert.

Von Anbeginn der Zeiten bis heute eine Geschichte, in der immer die Menschen profitierten, manchmal auch Hunde, meist zogen sie aber deutlich

Gemeinsam mit Freunden spazieren gehen ist mit das Schönste, was es gibt. Erziehen Sie Ihren Hund so, dass er und Sie dieses Vergnügen genießen können.

den Kürzeren. Für mehr oder weniger gutes Futter und mehr oder weniger gute Behandlung stellen sie uns ihre fantastischen Fähigkeiten zur Verfügung, als Wächter, als Hüter, als Supernase.

Der Wolf im Hundepelz

Auch wenn unsere Beziehungsgeschichte schon weit über hunderttausend Jahre dauert, stecken in unseren Hunden immer noch eine Menge Verhaltensweisen ihrer wölfischen Ahnen. Diese Verhaltensweisen machen sie zum idealen Partner für uns und wir müssen sie kennen, damit wir unsere Freunde besser verstehen.

Ihr Hund will es Ihnen recht machen. Er will lernen, Sie zu verstehen. Es ist daher Ihre wichtigste Verpflichtung, wenn Sie einen Hund zu sich nehmen, sein Verhalten und seine »Sprache« zu lernen.

Wölfe leben in einem Zweckverband zur optimalen Futterbeschaffung und zur effektiven Familienplanung. Gemeinsame Jagd und gemeinsame Aufzucht von Welpen sind Ziel und Gegenstand des Rudels. Damit das funktioniert, gibt es eine klare Arbeitsteilung, bei der jeder seinen Platz hat und seinen Beitrag für die Zielerreichung leistet. Ein Chef und eine Chefin leiten gemeinsam die Truppe. Nur die beiden bekommen in der Regel Nachwuchs, aber alle kümmern sich um die Jungen, wenn sie da sind. Das Leitungsteam ist klug, selbstbewusst, führt und verlangt perfekte Ausführung der Jobs. Man mag sich in dieser klaren Hierarchie und zeigt sich das auch: die »Mitarbeiter« durch Körpersprache, soziale Fellpflege, durch Schmusen und gemeinsames Heulen, die Chefs durch freundliche Herablassung.

Hundesprache

Tief in die Augen schauen darf bei Hunden nur der Ranghöhere dem Rangniederen. Das Anstarren ist ein aggressiv-dominanter Akt. Tun Sie das bei einem selbstbewussten fremden Hund, können Sie in Schwierigkeiten kommen. Der Rangniedere wendet den Blick ab, um zu demonstrieren, dass er friedliche Absichten hat.

Hochspringen und »Küsschen geben« ist kein aggressiver Akt und eigentlich auch keine Ungezogenheit. Rangniedere Hunde und Welpen versuchen durch Hochspringen und Stossen der Schnauzen in den Mundwinkel der Ranghöheren zu demonstrieren, dass sie die lieben Kleinen sind. Mutti hat in Welpenzeiten nämlich nach so einer netten Begrüßung schnell noch etwas Futter hochgewürgt. Ihr Hund demonstriert damit: »Ich bin lieb, du bist der Boss, wir sind ein Team.« Also nicht böse abwehren, das kann der Wolf in Ihrem Hund nicht verstehen, sondern besser ablenken oder ihn ein anderes Begrüßungsritual lehren, z.B. hinsetzen und Pfötchen geben.

Verbeugung – also Po in die Höhe, Vorderläufe auf den Boden – machen Hunde nicht aus Ehrfurcht, sondern als Spielaufforderung.

Gähnen und kratzen tun Hunde, weil sie müde sind und weil es sie juckt, aber genau wie bei uns kann das auch Unsicherheit, Überforderung und Stress bedeuten.

Aufreiten bei anderen Hunden, gleich welchen Geschlechts, und auch bei Menschen, insbesondere bei Kindern, ist keine sexuelle »Perversion«, sondern meist eine so genannte Dominanzgeste, mit der Ihr Angeber seinen höheren Rang demonstrieren will. Gestatten Sie ihm eine solche Demonstration bloß nicht, das ist eine Frechheit.

Wenn Zeit ist, spielt man miteinander und zeigt den Jungen spielerisch, wie man jagt und Beute macht.

Ihr Hund will auch nach hunderttausend Jahren nichts anderes von Ihnen: einen Platz im Rudel, eine Aufgabe, Ihre Führung und Ihre Zuneigung.

▸ Eine unendliche Geschichte

Könige und Präsidenten, Verbrecher und Heilige, Arme und Reiche, Sesshafte und Nichtsesshafte, Familien und Singles, Schauspieler und Schullehrer, Genies und Einfältige – es gibt keine Gruppe von Menschen, in der man nicht auch Hunde trifft. Hunde mögen Menschen ohne Ansehen ihrer Klasse oder Kasse. Menschen mögen Hunde – nicht immer ohne Ansehen ihrer Rasse, aber schon immer. Und meist ging die Beziehung zwischen Mensch und Hund tiefer, als es den Anschein hatte, auch bei den vielen Arbeitshunden.

Viele Menschen sehen in einem Hund einen wichtigen Bestandteil des Familienglücks – sie haben Recht!

Die Geschichten berühmter Dichter und Schriftsteller über ihre Hunde füllen Bibliotheken. Hunden wurden Denkmäler errichtet. Jeder, der einmal einen Hund hatte, kann Menschen, die diese wunderbare Erfahrung nicht machen durften oder gar nicht machen wollen, nur bemitleiden. Jeder, der diese Erfahrung machen durfte, weiß um den ganz besonderen Zauber, der in dieser Partnerschaft zwischen zwei Arten, zwischen Mensch und Hund, liegt.

Sie möchten diese Erfahrung auch machen? Dazu wünsche ich Ihnen Glück beim Finden Ihres Hundes. Ich wünsche Ihnen aber auch den Verstand und die Vernunft bei der Entscheidung, ob Sie und Ihre Lebensverhältnisse »hundetauglich« sind. Hunde brauchen zwar keine Villa und keine Millionen, aber sie brauchen Sie, sie brauchen Ihre Nähe und Ihre Zeit. Wenn Sie das nicht bieten können, dann ist es echte Hundefreundschaft, wenn Sie keinen Hund halten. Jedes Tierheim freut sich über ehrenamtliche Gassigeher oder Paten für Hunde, die nicht mehr vermittelbar sind. Vielleicht ist die Entscheidung gegen einen eigenen Hund die bessere Entscheidung für Sie und für den Hund. Dieses Buch soll Ihnen helfen, sich darüber klar zu werden, welche Entscheidung die richtige ist.

▸ Sie wollen einen Hund?!

Ihren Hundewunsch verstehe ich sehr gut. Aber überlegen Sie sich das ganz genau. Ich gebe Ihnen in diesem Kapitel einiges zu bedenken. Vier Gesichtspunkte sollten Sie bei ihrer endgültigen Entscheidung würdigen: 1. das Umfeld, in dem Sie sich mit Ihrem Hund bewegen, 2. die Bedürfnisse des Hundes, 3. Ihre persönlichen Voraussetzungen für eine gute Beziehung mit einem Hund, 4. die Ansprüche der unterschiedlichen Rassen oder Hundetypen (wenn es ein Mischling ist).

HUNDE IN UNSERER GESELLSCHAFT ▸ Früher Lassie, heute Kommissar Rex – der edle, treue und überdurchschnittlich intelligente Hund hat gute Karten. Der aufopferungsvolle Blindenhund, der Katastrophensuchhund, der mit blutenden Pfoten aus den Trümmern des zusammengestürzten Hauses schleicht, der Polizeihund, der den Verbrecher dingfest macht, und sogar der arbeitende Jagdhund werden geschätzt und gelobt.

Dabei leisten all die berufslosen Familienhunde eine enorm wichtige gesellschaftliche Aufgabe: Sie verbreiten gute Stimmung, sind Tröster, Spaßmacher, Gesellschafter von allen Altersgruppen. Hunde sind wunderbare Begleiter und öffnen unseren Blick für unsere Umwelt auf ganz besondere Weise. Fast fünf Millionen steuerzahlende und Tausende, die steuerpflichtig sind, für die aber keine bezahlt wird, leben unter uns und mit uns. Geliebt meist, oft auch so sehr, dass es ihnen schon wieder schadet.

Unseren Hunden geht es so gut wie nie?!

Ja klar, wenn man an Gesundheitsvorsorge und Ernährung, an Zubehör und Spielzeug denkt. Schlecht geht es unseren Hunden dann, wenn sie nur gefüttert und gepflegt werden. Hunde brauchen eine Aufgabe, brauchen Beschäftigung und Herausforderungen, sonst verwahrlosen sie seelisch und dann haben wir die Probleme mit Hunden, die den Hundefeinden in der Gesellschaft Recht geben.

Bei den großen Erdbeben sind sie zu Berühmtheit gelangt: Rettungshunde von ehrenamtlichen Helfern.

Aber obwohl wir so viele sind, denn auf einen Hund kommen oft ja mehrere Menschen, sind Hundefans nicht unbedingt eine gesellschaftliche Kraft. Nur so kann es sein, dass Hunde derzeit keine besonders guten Karten bei uns in Deutschland haben. Ihr Anteil an der »Bevölkerung« rangiert weit hinter dem ihrer Artgenossen in Frankreich, England und vielen anderen Ländern Europas.

HUNDEFREUNDE UNTER SICH ▸ Hundefreund ist nicht gleich Hundefreund. Viele Vorurteile gibt es untereinander. Man könnte Seiten damit füllen, was Halter von kleineren Hunden über die von größeren Schlechtes denken und umgekehrt. Fans einer bestimmten Rasse oder Fans von Mischlingen haben gegenüber Menschen mit anderen Favoriten geballte Vorurteile. Und schließlich weiß fast jeder Hundebesitzer alles besser als jeder andere. Und manchmal haben sie alle auch leider Recht. Es gibt sie schon, die Rücksichtslosen, die nur den eigenen

Verkehrserziehung und Umwelttraining – nicht nur für Großstadthunde ein absolutes Muss

Hund sehen und nicht die Ansprüche und Bedürfnisse der anderen. Es gibt sie schon, die arroganten Vertreter einer bestimmten Rasse, die alle anderen für minderwertig erachten. Es gibt sie schon, die unerträglichen Besserwisser. Aber wir sind so viele – man kann sich auch unter uns Hundefreunden seine Freunde aussuchen.

Hunde dürfen vieles nicht: frei laufen in vielen Städten, auch dann nicht, wenn sie gehorchen. Leinenzwang gilt meist auch in Parks, vielerorts sogar in Feld, Flur und im Wald. Menschen geraten in Panik, wenn ein frei laufender Hund kommt. Das journalistische Sommerloch und andere Ausfälle werden regelmäßig mit Berichten über die unendliche Geschichte mit dem Hundekot gefüllt. Wenn Sie mit Ihrem Hund durch ein Wohngebiet flanieren, machen Sie sich augenblicklich »verdächtig«. Als Hundehalter sind Sie auch in der Sippenhaft: Wann immer Ihr Nachbar Kot – von welchem Tier auch immer – in seinem Garten gefunden hat, ernten Sie einen vorwurfsvollen Blick.

Hunde dürfen meist nicht mit in Büros, ins Kino oder zur Gemeinderatssitzung, dabei sind sie meist verschwiegen und äußerst angenehme Gesellschafter.

Hunde werden besteuert, und zwar meist deutlich höher als ein Kleinwagen, obwohl dieser entschieden umweltfeindlicher, gefährlicher und lauter ist als jeder Hund.

Hundehalter müssen sich für ihre Hundeliebe rechtfertigen. Autorennfahrer, Briefmarkensammler oder Skifahrer müssen das für ihr Hobby nicht tun.

Wenn Sie einen Hund haben, könnte es sein, dass Sie einige Dinge nicht mehr tun können oder nicht mehr so tun können, wie Sie das gewohnt waren. Einige Ihrer Freunde werden Sie vielleicht vor die Alternative stellen: »Er oder ich!« Wenn Sie trotzdem einen Hund wollen, bedenken Sie die folgenden Punkte.

Das will ein Hund von Ihnen

Hunde sind deshalb als einziges Tier eine Partnerschaft mit den Menschen eingegangen, weil Sie uns – das ist ihr fataler Irrtum – für einen Artgenossen der besonderen Art halten. Wenn Sie Ihrem Hund ein guter »Hund« sind, hat er alles, was er sich nur wünschen kann, und Sie haben einen Traumpartner auf vier Pfoten.

- Ihr Hund will wissen, dass er zu Ihnen gehört und dass Sie ihm zeigen, was sie von ihm erwarten – er will Sie als seinen Leithund.
- Ihr Hund will mit Ihnen zusammen sein und etwas zusammen tun, er ist ein Rudeltier, das darin seinen Lebenssinn sieht – er will nicht weggesperrt und bei Bedarf herausgezerrt werden.
- Ihr Hund braucht Ihre Fürsorge für sein körperliches und seelisches Wohlbefinden – er kann erwarten, dass Sie sich über artgerechte Beschäftigung, Ernährung und Gesundheitsvorsorge kundig machen und diese anwenden.
- Ihr Hund hat keine Wahl, wenn Sie ihn kaufen oder übernehmen – er darf erwarten, dass Sie ihn nicht verraten.

Passen Sie zu einem Hund?

Diese Fragen sollten Sie sich ernsthaft stellen, auch wenn manche scherzhaft formuliert sind.

- [ ] Sie freuen sich auf den Hund und wollen alles lernen und wissen, was es über Hunde zu wissen gibt?
- [ ] Ihre Familie freut sich gemeinsam auf den Hund und unterstützt Sie in allen (Hunde-)Dingen?
- [ ] Ihr Mietvertrag gestattet Hundehaltung ausdrücklich?
- [ ] Sie wissen, dass bestimmte Ansprüche an eine gepflegte Wohnumgebung nur noch mit erhöhtem Aufwand befriedigt werden können? Wenn Sie ein Hundehaar in der Suppe entdecken, können Sie das aushalten, auch wenn Sie die Suppe nicht auslöffeln?
- [ ] Wenn Ihre eitle Hündin sich eben mal kurz in frisch ausgebrachter Gülle »parfümiert« hat, bekommen Sie keinen Nervenzusammenbruch und nur mäßigen Brechreiz beim Säubern?
- [ ] Sie sind entschlossen, Ihrem Hund die Beschäftigung zu bieten, die seinem Typ und seinem Alter entspricht?

- [ ] Sie wollten Ihre Garderobe ohnehin um mehr sportive Stücke erweitern und freuen sich über freundschaftliche Tipps anderer Hundebesitzer über wasserdichte Jacken und Schuhe?
- [ ] Für Sie ist Ihr Auto eine praktische fahrbare Hundehütte: Haare, Dreckspritzer, Hundekram aller Art auf dem Rücksitz machen Ihnen überhaupt nichts aus? Auch der Hundegeruch, der sich irgendwann im Auto festsetzt, stört Sie nicht?
- [ ] Sie gehen davon aus, dass Sie ein ganz ausgezeichneter Rudelchef für Ihren Hund sein werden: geduldig, überlegen, cool, konsequent und auf jeden Fall klüger als er?
- [ ] Sie wissen, dass Hunde sehr an Ihren Menschen hängen und planen Ihre künftigen Urlaube entsprechend?
- [ ] Sie wissen, dass alle Angaben in Ratgebern über den täglichen Zeitbedarf für Hunde zu knapp bemessen sind? Sie sorgen dafür, dass Ihr Hund tatsächlich an Ihrer Seite leben kann und organisieren Ihr Leben entsprechend?
- [ ] Sie haben für Notfälle einen »Paten«, der Ihren Hund betreut, falls Sie oder Ihre Familie einmal nicht zur Verfügung stehen?
- [ ] Sie wissen, dass Sie mit Ihrem Hund auch Verantwortung für andere Hunde und für das Ansehen aller Hunde übernehmen? Sie wählen deshalb einen Hund, der zu Ihnen passt, und prägen ihn gut auf die Umwelt und den Umgang mit anderen Hunden?
- [ ] Ein Garten ist für Ihren Hund und für Sie ausgesprochen angenehm und nützlich, Zwingerhaltung dagegen halten Sie für hundefeindlich?
- [ ] Auch wenn man natürlich nicht darüber spricht: ein Hund kostet Geld und nicht wenig. Sie können sich Tierarzt, Versicherung, Steuer, Futter, Spielzeug usw. wirklich leisten?

▶ Ein Hund für Ihr Kind?

Bei vielen gehört zum Bild einer idealen Familie der Hund zum Kind. Selbst die Waschmittelreklame hat das jetzt übernommen. Das ist auch durchaus in Ordnung. Hunde und Kinder passen ganz ausgezeichnet zusammen. Körperkontakt, wilde Spiele, Spaß an der Bewegung, all das teilen sie gerne. Hunde genießen die Aufmerksamkeit ihrer Menschen und sind deshalb ganz tolle Zuhörer und das wiederum ist für

Freunde fürs Leben: Kinder, die mit Hunden aufwachsen dürfen, haben ganz großes Glück und viele Lernchancen, die andere nicht haben.

Kinder ganz prima. Hunde lehren Kinder neben der sprachlichen Verständigung, in gleicher Weise auf die Körpersprache zu achten. Hunde lehren Kinder, dass man sofort Rückmeldung bekommt, und das lehren Hunde ihre kleinen Freunde schnell und drastisch.

Hunde lehren Kinder viele soziale Kompetenzen. Amerikanische Forscher haben das erst kürzlich nachgewiesen: die soziale Intelligenz ist deutlich höher bei Kindern, die mit Hunden aufwachsen. Und gewusst haben wir das, die wir mit Hunden aufgewachsen sind, auch ganz ohne Forschung, einfach durch das Glück, das wir in der Kindheit dabei erfahren durften.

Aber: Es gibt keinen Hund für Ihr Kind, gleich welchen Alters. Es ist letztlich immer *Ihr* Hund, Sie müssen ihn wollen und Sie sind für ihn verantwortlich, Sie tragen auch die pädagogische Verantwortung dafür, dass beide Partner das Beste aus dem gemeinsamen Leben ziehen.

Es gibt keine Hunde, die von vornherein kinderfreundlich oder kinderfeindlich sind. Hunde werden durch ihre Erfahrungen mit Kindern in die eine oder andere Richtung tendieren. Je nachdem wie alt Ihre Kinder sind und wie stark sie in die Verantwortung für den Hund eingebunden werden sollen, sollten Sie die Rasse wählen. Prinzipiell gilt,

- dass der Hund nicht zu klein sein sollte und ein stabiles Nervenkostüm mitbringt, ein Kinderknuff darf nicht gleich einen Nervenzusammenbruch auslösen;
- dass der Hund nicht zu groß sein soll, sonst können auch ältere Kinder nicht alleine mit ihm raus;
- dass kleine Kinder und Hunde niemals ohne Aufsicht bleiben sollten, im wohlverstandenen Interesse von beiden.

Erst denken, dann handeln!

Jetzt sind Sie sich also sicher: ein Hund soll Ihr Leben mit Ihnen teilen. Es gibt, das wissen Sie, jede Menge vernünftiger Gründe dagegen. Sie haben sie alle abgewogen. Es gibt aber jede Menge unvernünftiger, ganz wunderbarer Gründe für die Partnerschaft mit einem Hund. Trotzdem, gerade wenn Sie jetzt in die entscheidende Phase treten und sich für einen bestimmten Hund entscheiden wollen, benutzen Sie Ihren Verstand! Stellen Sie Maßstäbe auf, formulieren Sie Ziele, machen Sie Pläne, überlassen Sie möglichst wenig dem Zufall und überlassen Sie sich vor allem nicht vollständig Ihrem Gefühl.

Welche Rasse passt zu Ihnen?

Die meisten Menschen suchen sich den Hund nach seinem Aussehen aus. Das ist normal, die einen mögen den

Mini und Maxi – den Hunden ist es gleich, aber Vorsicht ist angesagt bei Hundebegegnungen mit solch extremen Größenunterschieden.

frechen Terrierblick, andere fühlen sich bei den Stehohren der Schäferhunde nicht so wohl, wieder andere mögen große puschelige Bären, andere kleine kecke Kerlchen. Meine Nessy ist eine Hovawart-Hündin; Hovawarte gibt es in drei Farbschlägen, und viele Interessenten wollen unbedingt einen Hovi einer bestimmten Farbe und unter keinen Umständen einen andersfarbigen Welpen.

Manche Leute schwärmen für eine bestimmte Rasse, weil sie damit einen Traum verbinden, den sie im Alltag nicht leben können. Der Husky zum Beispiel steht oft für Freiheit, Wildheit und Abenteuer. Der majestätische Berghund steht oft für Naturverbundenheit und selbstbewusste Kraft. Man könnte ganze Psychologiebücher mit den Träumen füllen, die Menschen in bestimmte Hunderassen hineindeuten. Die Autohersteller leben von solchen Träumen und bauen ihre Autos danach. Aber Hunde sind keine Autos, die sich nur in Design, Lack, PS-Zahl und im Preis unterscheiden. Unter ihrem unterschiedlichen Fell stecken ganz unterschiedliche Persönlichkeiten.

Menschen haben sich in vielen Jahrtausenden den Hund nach ihren Wünschen gezüchtet. Rassen gab es schon lange. Unsere Vorfahren hatten wahrscheinlich schon sehr früh Hunde zur Zucht verwendet, die besondere Begabungen hatten: gute Jagdhunde, selbstbewusste Wächter für Hof und Habe, gehorsame Helfer beim Viehhüten und beim Viehtrieb. Die über 350 heute weltweit anerkannten Rassen zeigen, welche Vielfalt von »Hundespezialisten« aus dieser Geschichte hervorgegangen sind. (Die große Zahl der Rassen könnte sicherlich beträchtlich verkleinert werden, weil es sich manchmal um gleiche Rassen handelt, die lediglich in verschiedenen geografischen Regionen entstanden sind und sich nur in Kleinigkeiten unterscheiden.)

Wichtig für Ihre Überlegung ist aber, dass jede Rasse oder jeder Hundetyp bestimmte Begabungen hat, bestimmte Eigenheiten und bestimmte Anforderungen an Sie als Halter stellt. Auch wenn Sie in eine bestimmte Rasse absolut vernarrt sind, sind die allerwichtigsten Fragen nicht: Gefällt er Ihnen? Haart er? Entspricht die Größe Ihren Vorstellungen?

Sie müssen vielmehr wissen, welchen genetisch verankerten »Beruf« Ihr Welpe hat, dann können Sie entscheiden, ob Sie ihm die richtige »Stelle« anbieten.

Wenn Sie diese »Hundeberufe« kennen, können Sie gut beurteilen, ob eine bestimmte Rasse oder ein bestimmter Rassemix zu Ihren Lebensbedingungen passt. Ich stelle Ihnen ab Seite 23 diese Hundeberufe vor und die Rassen, die dazugehören. Dann können Sie selbst überlegen:

- Wie sind meine Lebensverhältnisse (häusliche Umgebung, Familie, Kinder, Haustiere, bevorzugte Urlaubsgegenden, bin ich viel unterwegs, soll mein Hund überall mit)?
- Welcher Hund passt zu meiner Wohngegend (Stadt könnte ein Problem sein, aber auch das flache, wildreiche Land)?
- Wie sind meine Fähigkeiten als »Leithund« (bin ich jemand, der fünfe

Die wichtigsten Fragen bei der Rassewahl

Für welchen Zweck wurde die Rasse gezüchtet?
Welche Ansprüche stellt diese Rasse an Erziehung?
Wie sieht eine angemessene Beschäftigung für diese Rasse aus?

Das Spiel mit anderen Hunden gehört zu dem artgerechten Leben, das Sie Ihrem Hund bieten müssen.

Nachwuchs im Wesen, in der Gesundheit und im Aussehen mindestens so gut, wenn nicht besser zu machen als die Eltern. Deshalb muss man sich bei den Vorfahren auskennen, deshalb muss man kontrollieren, dass nur gesunde Tiere in die Zucht kommen, und deshalb muss man bestimmte Richtlinien auch für die Züchter und die Aufzucht aufstellen.

In Deutschland gibt es nur einen seriösen Dachverband der Hundezucht- und Hundesportvereine. Es ist der VDH (Verband für das Deutsche Hundewesen).

In Österreich ist es der ÖKV (Österreichischer Kynologenverband), in der Schweiz ist es die SKG (Schweizerische Kynologische Gesellschaft). Diese Verbände stellen für die Rassehundezucht verbindliche Richtlinien auf und kontrolliert deren Umsetzung. Alle drei Dachverbände sind Mitglied im Weltverband FCI (Fédération Cynologique Internationale). (Adressen S. 234)

TIPP

Kaufen Sie niemals einen Hund, gleich welcher Rasse, der nicht VDH-Papiere oder – wenn Sie im Ausland kaufen – entsprechende Papiere von FCI-Mitgliedsverbänden hat. Es kann schon sein, dass auch ein Hund aus einem anderen Verband oder die Welpen aus Nachbars zufälliger Hundehochzeit gute Hunde werden können. Nur: das ist zufällig!

Sie wollen einen Welpen, der sorgfältig auf Gesundheit und gutes Wesen gezüchtet und bestmöglich aufgezogen wurde? Dann geben Sie sich mit keinem anderen Hund zufrieden. Unterstützen Sie keinesfalls die unkontrollierte Hundevermehrung, die andere so genannte Hundezuchtverbände oder gar die abscheulichen Hundehändler betreiben.

Lassen Sie sich nicht von farbenprächtigen Ahnentafeln und prunkvollen anderen Nachweisen ablenken. In Deutschland darf jeder, der sechs Gleichgesinnte findet, einen Verein gründen, auch einen Hundezucht-

Hundehändler sind tabu

Es ist völlig unverständlich und macht mich immer wieder wütend, dass trotz vieler Bücher, trotz aktueller Berichte in Zeitschriften und Fernsehsendungen, Hundehändler immer noch Kunden finden. Hunde sind keine Sachen und keine Waren. Schlecht aufgezogene Hunde sind nicht nur krank, sie haben meist auch große psychische Schäden, und das hat schlimme Auswirkungen auf die Halterfamilie und die Umwelt. Jeder, der einen Hund von einem der tierfeindlichen Händler oder gar aus einem Kofferraum auf einem Parkplatz kauft, verlängert das Leiden der Hündinnen und ihrer Welpen. Jeder neue Kunde wird somit zum Tierquäler, auch wenn er glaubt, einen Hund zu retten. Und wer Geld sparen will, sollte sich besser erst gar keinen Hund anschaffen. Die Anschaffungskosten selbst des teuersten Rassehundes stehen in keinem Verhältnis zu dem, was er im Laufe seines Lebens noch kosten wird. Händlerhunde sind meist die teuersten, denn Tierarzt und Tiertrainer verdienen meist jede Menge an ihnen, im Laufe des Hundelebens.

verein. Bei uns kann auch jeder mit Hilfe seines Grafikprogramms im PC einen Stammbaum für seine Asta entwerfen. Nichts ist geschützt, es gibt keine Normen und keine Kriterien für die Hundezucht, die solchen Missbrauch verhindern. Also machen Sie keine Experimente beim Hundekauf, suchen Sie Ihren Welpen in einem Rasseverein des VDH bzw. einem anderen FCI-Verband, sonst nirgends.

Guter Rat ist nicht teuer

Rassezuchtvereine im VDH stehen Interessenten mit Rat und Tat zur Seite. Lange vor der eigentlichen Kaufentscheidung findet man Rat bei der Grundsatzfrage: »Passt ein bestimmter Rassehund zu mir, passe ich zu ihm?« Der Verein begleitet Sie auch bei der Suche nach einem Züchter.

Kontakt zum zuständigen Rassezuchtverein bekommen Sie über die Geschäftsstellen der nationalen Dachverbände, deren Adressen Sie hier im Buch auf Seite 234 finden (VDH, ÖKV und SKG), oder Sie finden die Anschriften in aktuellen Hundezeitungen. Ganz aktuell ist natürlich das Internet. Viele Rassezuchtvereine im VDH haben schon eine eigene Homepage.

Ein Zwinger

Zwinger bedeutet bei Hundeleuten keineswegs, dass Hunde in Drahtkäfigen gehalten werden. Zwinger ist das Wort für Zuchtstätte. Der Züchter überlegt sich einen Namen, und das ist dann der Zwingername, der geschützt wird und der dann quasi der Familienname Ihres Hundes ist. Alle Welpen eines Wurfs haben »Vornamen«, die mit demselben Buchstaben beginnen. Der erste Wurf in einer Zuchtstätte ist der A-Wurf, der zweite der B-Wurf usw.

Der Züchter macht den Hund

Obwohl der Rassezuchtverein seine Züchter kontrolliert und bestimmte Auflagen für die Aufzucht vorgibt, sind natürlich nicht alle Züchter gleich. Im Rahmen der Zuchtbestimmungen gibt es jede Menge unterschiedlicher Auf-

Ein guter Züchter macht seine Welpen umweltsicher.

fassungen davon, wie ein guter Hund sein sollte, was besonders wichtig ist und wie die Welpen am besten aufgezogen werden.

Züchter lieben alle ihre Hunde, aber jeder halt auf seine Weise. Sie sind so unterschiedlich, wie die Hunde unterschiedlich sein können. Ob also ein Züchter zu Ihnen passt, das müssen Sie selbst herausfinden, dabei kann Ihnen keine Welpenvermittlungsstelle helfen. Besuchen Sie möglichst verschiedene Züchter und machen Sie sich ein Bild von ihnen und ihren Hunden.

TIPP

Gute Zuchtstätten erkennen Sie nicht zuletzt daran, dass die Ausläufe der Welpen richtigen Abenteuerspielplätzen für Hunden gleichen. Blitzsaubere, aufgeräumte Zwinger (Käfige) sollten Sie immer misstrauisch machen. Je reizloser die Umgebung des Welpen, desto »wilder« ist Ihr Hund und desto mehr Arbeit haben Sie später damit, ihn selbstbewusst, umweltsicher und menschenfreundlich zu machen.

Die Hündin hat deutlich mehr Einfluss auf die Welpen als der Rüde. Hündinnen sind in aller Regel allein erziehende Mütter. Die Väter kommen bei den Hunden meist nur zum Fototermin zu ihren Kindern, damit die Familie wenigstens für das Familienalbum vollständig ist. Die Hündin dagegen ist das Vorbild ihrer Welpen und sie prägt sie auch im Verhalten. Es ist also schon aufschlussreich, sich diese wichtige Persönlichkeit für Ihren Welpen ganz genau anzusehen, eben nicht nur ihr Outfit, sondern vor allem ihr Verhalten.

Mit der Entscheidung für eine Hündin haben Sie sich ein Stück weit festgelegt. Dass dann später alles trotzdem ganz anders werden kann, liegt erfreulicherweise daran, dass wir – solange wir die Welpen nicht klonen – eben Hundepersönlichkeiten züchten und keine baugleichen Prototypen.

Züchter machen Hundebesitzer

Wenn Sie ernsthaftes Kaufinteresse äußern, wird jeder verantwortungsbewusste Züchter Sie einer genauen Prüfung unterziehen. Seine Welpen bedeuten ihm viel, er will sie nur in die besten Hände abgeben. Der Züchter hat schließlich durch die Auswahl der künftigen Halter einen großen Anteil daran, wie das Ansehen der Hunde in der Öffentlichkeit ist.

Er wird Sie nach den äußeren Bedingungen fragen, unter denen der Hund bei Ihnen leben wird. Er wird Sie nach Ihren Lebensverhältnissen fragen und dabei manchmal auch in den ganz persönlichen Bereich gehen. Nehmen Sie ihm das nicht übel. Im Gegenteil: An der Art, wie kritisch und wie eingehend sich der Züchter ein Bild von Ihnen machen will, erkennen Sie meist geradezu seine Qualität.

Er muss wissen, ob Sie von Ihren Lebensbedingungen, von Ihrem Wissen, Ihrer Einstellung und nicht zuletzt von Ihrer Lernbereitschaft her in der Lage sind, dem Hund ein guter Chef zu sein.

Helfen Sie dem Züchter also aktiv, sich ein solches Bild von Ihnen zu machen. Das hat nämlich auch noch den weiteren Vorteil, dass er Sie dann besser bei der Wahl des geeigneten Welpen unterstützen kann.

▸ Welcher Welpe soll es sein?

Das dürfen Sie erwarten, wenn Sie einen Wurf besichtigen: Sie werden bei Ihrem Besuch stürmisch von den Welpen begrüßt, sofern sie schon laufen können. Sie sind munter – falls sie nicht gerade ein Verdauungsschläfchen machen – ganz offensichtlich gesund und so zutraulich, dass es Ihnen anfangs vielleicht fast zu viel des Guten ist.

Obwohl alle Welpen eines Wurfs dieselben Eltern haben, sind sie nicht gleich. In jedem Wurf gibt es Bosse und Mitläufer, ruhigere und temperamentvollere, das ist von Mutter Natur auch so gewollt. Würden unsere Hunde sich nämlich mit Frau Mama selbstständig machen wollen als freie Wildhunde, brauchte man in einem Rudel für das Überleben alle möglichen Begabungen: den Draufgänger, der bedenkenlos auch mal in eine gefährliche Situation geht, für das Rudel damit eine Schutzfunktion übernimmt (und dabei vielleicht auch stirbt), den ruhigen Arbeiter, der für viele Aufgaben einsetzbar ist, keinen großen Ehrgeiz entwickelt, aber für die Stabilität des Rudels und den Alltag unverzichtbar ist, und man braucht auch den ängstlichen, vorsichtigen Typ, der Gefahren schnell erkennt und anzeigt.

Welcher Welpe eher welchem Typ ähnelt, weiß der Züchter ganz genau. Seine Welpen kennt er fast genauso gut, wie es die Mutterhündin tut. Vertrauen Sie also seinem Rat, wenn er Ihnen nicht zum Rambo, sondern zur Rosy rät. Ihr Züchter kennt seine Pappenheimer und wird gemeinsam mit Ihnen den Welpen auswählen, der zu Ihnen und Ihren Lebensbedingungen am besten passt.

Ihr allerwichtigster Partner beim Kauf eines Rassehundes: der verantwortungsbewusste und kompetente Züchter

TIPP

Ab und an gibt es in einem Wurf Welpen, die schon von Geburt an nicht zur Zucht zugelassen werden, weil sie einen so genannten zuchtausschließenden Fehler haben. Das kann eine »falsche« Fellfarbe, ein Knick- oder Stehohr sein, das nicht vorgesehen ist, und andere »Schönheitsfehler«. So einen Welpen können Sie bedenkenlos nehmen, wenn Sie ohnehin nicht die Absicht haben, später mit ihm zu züchten. Manchmal gibt es auch Fehler wie bestimmte Gebissdeformationen, Knickruten und ähnliches. Die können, müssen aber nicht, Folgen für das Wohlbefinden des Hundes haben. Beraten Sie sich im Zweifel vorher mit einem Tierarzt. Sie bekommen meist vom Züchter auch einen entsprechenden Preisnachlass eingeräumt.

▶ Rüde oder Hündin?

Bei den meisten Hunden unterscheiden sich die Geschlechter sehr stark – für jeden erkennbar im Aussehen. Der Rüde ist deutlich größer und eindrucksvoller als die Hündin. Manche sagen auch, er sei stets der schönere Hund, aber das ist wie immer Geschmackssache. Der größte Unterschied zwischen Andra und Andrax besteht in ihrem Wesen. Die Läufigkeit, die oft als wichtigster Unterschied genannt wird, ist dagegen eine Bagatelle. Hündinnen werden zwischen dem 6. und 14. Lebensmonat das erste Mal läufig und dann immer wieder in einem persönlichen Zyklus, der bei den meisten 6 bis 8 Monate beträgt. Die meisten Hündinnen halten sich selbst sehr sauber und oftmals wird die erste Läufigkeit von den Besitzern erst am Verhalten des männlichen Nachbarhundes entdeckt. Eine ungewollte Schwangerschaft muss es bei der heutigen Hundehaltung und beim derzeitigen Stand der Tiermedizin auch nicht geben. Unter der Läufigkeit leiden nur manchmal die Hundesportler, die während dieser Zeit auf die Teilnahme an Turnieren und Wettkämpfen verzichten müssen.

Der Rüde fordert Ihre Kompetenz und Konsequenz als Rudelchef, denn die meisten Rüden stellen sich gerne und entschieden jeder Herausforderung ihrer Männlichkeit. Je nach Rasse kann das sehr anstrengend sein.

Die Hündin neigt weniger zur Dominanz, wenigstens nicht zur offenen. Im Unterschied zum Rüden passt sie sich einfacher in den Sozialverband ein. Wenn sie nicht viel an Ihnen und Ihrer Familie auszusetzen hat, wird sie keine großen Anstalten machen, die Rangordnung zu verändern. Wozu auch? Hündinnen sind pragmatischer als Rüden. Hündinnen setzen ihr Köpfchen halt auf irgendwelchen Umwegen durch.

Rüde und Hündin, meist kann man sie schon an der Statur unterscheiden. Im Verhalten werden die Unterschiede allerdings noch augenfälliger.

Meist ein Dream-Team: ältere Menschen und Hunde haben einander viel zu geben.

Für alle Fälle muss aber auch darauf hingewiesen werden, dass es ausnahmsweise auch einmal rüdenhafte Hündinnen und hündinnenhafte Rüden geben kann. Außerdem ist zum Beispiel eine Hovawart-Hündin immer dominanter als ein Golden-Retriever-Rüde. Neben dem Geschlecht spielt natürlich die Rasse oder der Rassecocktail bei Mischlingen eine wichtige Rolle dafür, wie einfach die Integration in die Familie gelingt.

Hündinnen sind auch wegen der hormonellen Prozesse im Zusammenhang mit der Läufigkeit Stimmungsschwankungen unterworfen. Viele Hündinnen sind zum Beispiel vor der Läufigkeit aggressiver als sonst, viele sind nach der Läufigkeit träge und lustlos, andere neigen zu ausgeprägten Symptomen von Scheinschwangerschaft. Rüden sind beständiger in ihrem Verhalten, allerdings sind sie ja das ganze Jahr »läufig«, weil bestimmt irgendwo eine Hundedame gerade »ihre Tage« hat.

▸ Die richtige Rasse

Jeder Hund hat eine eigene Persönlichkeit, jede Hundepersönlichkeit ist mit das Ergebnis seiner Prägung und seiner Erfahrungen. Aber nicht jeder Hund kann alles und ist für alles einsetzbar. Jeder Hund ist auch das, was seine Ahnen ihm mitgegeben haben, jeder Rassehund und jeder Mischling.

Wenn Sie den »Beruf« kennen, für den die Rasse ursprünglich gezüchtet wurde, haben Sie das wichtigste Kriterium, nach dem Sie sich entscheiden sollten. Prüfen Sie stets, welche Vorteile und welche Nachteile die speziellen Begabungen für Ihre Lebenssitua-

Einer der legendärsten Hundeberufe: Führer des blinden Menschen

tion haben. Größe, Farbe, Fellstruktur und Ohrenstellung sind zweitrangig.

OBJEKTSCHÜTZER ▶ Hunde wurden immer schon gerne eingesetzt, um Haus und Herden zu bewachen. Dazu mussten sie groß und beeindruckend sein, so stark, dass sie auch gegen größeres Raubwild und gegen menschliche Räuber bestehen konnten. Selbstbewusst mussten sie sein und selbstständig arbeiten, ohne Anweisung ihres Menschen, der ja meist gar nicht da war, wenn Not am Hund war. Klug mussten sie sein, denn nicht jede Katze, die am Hof vorbeischleicht, sollte verbellt, nicht jeder Bote gleich gebissen werden. Den Freundlichen sollte er ein Freund sein, der große Beschützer, den Feindlichen sollte er aber schnell und kompromisslos zeigen, dass sie besser verschwinden.

Ein solcher Hund ist gerne am Haus. Er passt ganz entschieden auf. Er ist Fremden gegenüber eher abweisend. Er hat ein großes Selbstbewusstsein und damit verbunden auch ein deutliches Dominanzstreben. Solche Hunde entscheiden gerne selbstständig. Perfekter Gehorsam ist bei ihnen nur schwer zu erreichen. Sie sind nicht immer freundlich zu Geschlechtsgenossen. Sie brauchen einen Menschen, der sie mit Konsequenz und ohne Gewalt erzieht und ihnen einen klaren Platz zuweist. Gelingt dies nicht, wird der Hund schnell, entschlossen und selbstbewusst zum Boss und zum Problem. Er will nicht ständig beschäftigt werden, aber er braucht eine Aufgabe. Herdenschutzhunde wie zum Beispiel die Owtcharki mit ihrem beachtlichen Dominanzstreben sind völlig ungeeignet für Anfänger.

Einige Rassen, die das Erbe der alten Hofhunde angetreten haben, sind Leonberger, Bernhardiner, Hovawart, die Schweizer Sennenhunde, Spitze, Rottweiler, Doggen, Mastiffs, Boxer, Neufundländer, Landseer, Schnauzer, Eurasier.

Rassen, die das Erbe der Herdenschutzhunde angetreten haben, sind z.B. Kuvacz, Owtcharki der verschiedenen Länder, Maremma-Abruzzenhund, Pyrenäenberghunde, Komondor, Sarplaniac.

JAGDHELFER ▶ Wild aufspüren, zutreiben, apportieren, nachsuchen und anzeigen ist einer der ältesten Hundeberufe. Es gibt unzählige Spezialisten unter den Jagdhunden. Von den Dachshunden, die so gebaut sind, dass sie in den Dachsbau passen, aber den Mut eines Löwen haben, wenn ihnen dort unten der »Feind« begegnet, bis hin zu den Pointern, denen das Vorstehen angeboren ist.

Alle Jagdhunde, mit Ausnahme derer, die selbstständig auf Beute geschickt werden wie Dackel oder Terrier, sind »führig«, das heißt leicht zu erziehen. Das mussten sie auch sein, denn nur so kann man Hunde, die auf Jagdpassion gezüchtet sind, bei der Jagd unter Kontrolle halten und zur Kooperation bringen. Weil bei Jagdgesellschaften manchmal Hunde verliehen werden und oft auch zusammen mit anderen Hunden gearbeitet wird, sind Jagdhunde in aller Regel nett zu anderen Hunden und mögen alle Menschen.

Jagdhunde sind deshalb meist gute Hunde für Anfänger. Fast alle Kleinhunde sind übrigens Jagdhunde oder aus Jagdhunden gezüchtet. Man kann sich mit ihnen problemlos unter Hun-

Die gemeinsame Jagdpassion hat aus Hund und Mensch einmal ein effektives Team geschweißt

den und Menschen bewegen. Aber, und das ist unerlässlich: Jagdhunde sind nur dann diese prima Partner, wenn man sie fordert, wenn man ihnen »Ersatzjagden« bietet, das heißt sehr viel spielt und arbeitet. Tut man das nicht, geht der Hund seiner Bestimmung nach und macht sich selbstständig auf die Jagd. Und auch in unserer dicht besiedelten Welt findet er jede Menge Objekte zum Jagen, da können Sie ganz sicher sein. Wenn Sie einen solchen wunderbaren Hund zu sich holen, müssen Sie das wissen, sonst werden Sie und Ihr Hund unglücklich.

Rassen, die das Erbe der Jagdhunde in sich tragen und als Familienhund geeignet sind, sind z.B. fast alle Kleinhunde sowie Terrier, Dackel, Beagles, Setter, Pudel, Spaniels, Retriever (Golden und Labrador).

SCHÄFERHUNDE ▶ Ohne Hunde hätten unsere Vorfahren nie wirklich Viehzucht treiben können. Mit Hunden konnten sie die Weidetiere zusammenhalten, verirrte Tiere finden und zurücktreiben und die Herde über Land bewegen. Hundliche Helfer der Hirten und Schäfer mussten mitden-

Ein Deutscher Schäferhund in seinem ursprünglichen Metier

ken, auf Wink und Zuruf perfekt gehorchen, durften sich durch kein Wild von ihrer Aufgabe abbringen lassen und die Weidetiere nicht jagen. Jede Region, jedes Land hat seine Hirten- und Schäferhunde: die Collies der Briten sind Legende, die zotteligen Hunde der Ungarn, der Superhund Deutscher Schäferhund und seine Verwandtschaft in Belgien und Holland.

Hirtenhunde sind absolute workaholics. Sie und ihr Mensch und ihr Job, dann sind sie im Element. Sie lernen leicht, sind schnell zu beeindrucken.

Es sind fast immer gute Familienhunde. Sie machen alle sehr gerne Hundesport. Sie arbeiten für ihr Leben gerne und sie mögen Familien. Sie sind sehr, sehr lauffreudig. Wenn Sie ihm Arbeit, Bewegung und Führung bieten, haben Sie einen wunderbaren Hund.

Rassen, die das Erbe der Hirtenhunde tragen, sind z.B. Collie, Sheltie, Australian Shepherd, Deutscher Schäferhund, PON, Corgie, Pyrenäen-Schäferhund, Picard, Briard, Beauceron, Belgische und Holländische Schäferhunde.

SPEZIALISTEN ▶ Manche Hunde-rassen mögen nur »das eine«. Bestimmte Windhunde und Schlittenhunde zum Beispiel sind genetisch so auf eine Aufgabe »programmiert«, dass man sie wirklich nur dann halten sollte, wenn man ihnen ein rassegerechtes Leben bieten kann.

Schlittenhunde sind Spezialisten im Schnee. Wer sie zu uns nach Mitteleuropa holt, übernimmt eine große Verantwortung für artgerechte Haltung und Beschäftigung.

Der Hund zieht ein

Der Hund zieht ein

Was im folgenden Kapitel über das Eingewöhnen steht, gilt vorwiegend für Welpen. Sehr vieles können Sie aber natürlich auch für Ihren erwachsenen Schützling anwenden.

Beim ihm ist vor allem Ihre Aufmerksamkeit und Ihre Beobachtungsgabe gefragt. Was kann er, was versteht er, wie mache ich mich am besten verständlich, was macht ihm Angst, was macht ihn stark, wann ist er nett, wann muss man vorsichtig sein, wie kann ich ihn beeindrucken, welche Führung braucht er? Sie werden eine genauso intensive »Einarbeitungszeit« brauchen wie bei einem Welpen.

Hundekauf ist Adoption

Wenn Sie sich mit dem Züchter, dem abgebenden Tierheim oder dem Vorbesitzer geeinigt haben, kann nach den mündlichen Vereinbarungen auch der schriftliche Vertrag folgen. Auch wenn Sie einen Hund von seinem Vorbesitzer übernehmen, sollten Sie eine schriftliche Vereinbarung treffen. Obwohl dies alles ein ganz normales Rechtsgeschäft ist, wie der Kauf einer Waschmaschine, ist das nur die rechtliche Seite des Vorgangs. Tatsächlich sollte der Hundekauf immer so etwas wie eine Adoption sein. Mit dem Kauf eines Rassehundes beginnt zwischen Züchter und Käufer eine Beziehung, die manchmal zu einer richtigen Dreiecksgeschichte wird, die ein Hundeleben und länger dauert. Fast alle Züchter bleiben an ihren Welpen interessiert und freuen sich über Berichte, Fotos und Besuche. Die meisten Züchter bleiben für ihre Welpenkäufer immer auch die wichtigsten Ansprechpartner und Ratgeber in Sachen Hund. Auch die Tierheime kümmern sich meist um die Sorgen der Menschen, die einen Hund übernommen haben.

Mit dem Begriff Kauf und Kaufvertrag ist die Übernahme eines Hundes nicht beschrieben. Schon die Begriffe kaufen, Käufer und Kaufvertrag sind meines Erachtens entwürdigend und treffen den Kern der Angelegenheit nicht. Sie kennen vielleicht die Geschichte vom »Kleinen Prinzen« von Antoine de Saint-

Exupéry. Dort steht ein Satz, den sich jeder Tierhalter an die Wand hängen sollte, denn man »kauft« sich keinen Hund, man »schafft« sich keine Katze an. Wenn man ein Tier aufnimmt, begründet man eine Beziehung. So wie es in dem zauberhaften Buch heißt: »Du bist zeitlebens für das verantwortlich, was du dir vertraut gemacht hast.«

Unterschreiben Sie Ihren Vertrag, aber seien Sie sich bewusst, dass Sie damit nicht eine Sache erwerben, sondern ein Lebewesen, dass Sie sich damit zu Ihrer Verantwortung bekennen, ein Hundeleben lang dafür zu sorgen, dass Ihr Freund möglichst hundegerecht leben kann, dass er seine rassespezifischen Anlagen entwickeln kann und dass er sich auf Sie unter allen Umständen verlassen kann, bis zuletzt!

Wenn Sie einen Kaufvertrag unterschreiben, unterstreichen Sie Ihre Pflicht, den Hund wichtig zu nehmen, seine Ansprüche an Sie zu akzeptieren, und Ihren Willen, ihm das beste aller Hundeleben zu ermöglichen.

Wenn Sie das nicht wollen, dann »kaufen« Sie bitte gar keinen Hund.

Wichtige Papiere

Wenn Sie einen Rassehund kaufen, übergibt Ihnen der Züchter die Ahnentafel Ihres Hundes. Sie ist ein gültiger Abstammungsnachweis, eine Art Auszug aus dem Familienbuch der jeweiligen Hunderasse. Ihr Hund wird mit seiner Zuchtbuch-Nummer, die ihm einige Tage vor Abholung in die Ohren tätowiert wurde, als anerkanntes Mitglied in die große Familie der Rassehunde aufgenommen. Die Ahnentafel

TIPP

Die Tätowierung oder neuerdings der tierschutzgerechtere Microchip ist nicht nur für Rassehunde wichtig. Auch für Mischlinge oder Hunde ohne Papiere empfiehlt sich eine solche Kenntlichmachung. Manche Staaten verlangen den Microchip als Einreisevoraussetzung. Aber auch bei Verlust Ihres Freundes ist es hilfreich, wenn Polizei oder Tierschutz den Hund identifizieren können. Es hilft ihm und Ihnen, einen für alle schlimmen Zeitabschnitt zu verkürzen.

Gleich und gleich gesellt sich gern: Wenn Sie das so möchten, wird Ihr Hund jedes Ihrer Haustiere hüten – aber ob er's liebt?

ist eine Art Personalausweis, eine Urkunde, die Sie sorgfältig aufbewahren sollten, auch wenn Sie mit Ihrem Hund keine großen Ambitionen in Sachen Ausstellung und Zucht haben.

Die Umgebung sichern

- [ ] Offene Treppen und Balkone durch Gitter oder Maschendraht sichern.
- [ ] Zäunen Sie Ihr Grundstück ein, falls Sie das noch nicht getan haben, eine hübsche Hecke reicht nicht!
- [ ] Grundstück, Gartenteich, Pool und alle Bereiche des Gartens, in die der Welpe nicht soll, einzäunen bzw. abdecken.
- [ ] Bodennahe Steckdosen mit Kindersicherungen versehen, elektrische Kabel welpensicher anbringen (z.B. hochlegen).
- [ ] Keine wertvollen Bücher oder Dokumente in den unteren Regalfächern des Bücherschrankes lassen (vorerst wenigstens!).
- [ ] Kleinteile, die für den Welpen erreichbar sind und von ihm verschluckt werden können, wegpacken.
- [ ] Türen evtl. so sichern, dass Welpen sich nicht einklemmen können.
- [ ] Reinigungsmittel, Medikamente u.ä. für Welpen unerreichbar machen.
- [ ] Keine giftigen oder ätzenden Putzmittel oder Handwerksmittel verwenden.
- [ ] Haus- und Gartenpflanzen auf Giftigkeit prüfen und entspr. Vorkehrungen treffen.

▶ Steuer und Versicherung

Ganz unerlässlich ist, dass Sie vor Ankunft des Welpen über eine gültige Hundehaftpflichtversicherung verfügen. Sie können mit dem Abschluss nicht warten, bis Ihr Welpe groß genug ist und (hoffentlich nie) einen anderen Hund oder einen Menschen beißt. Einen Haftpflichtfall kann auch Ihr kleiner Spatz ganz schnell verursachen, wenn jemand über ihn stürzt, wenn er in der Pizzeria auf den Orientteppich pinkelt oder die italienischen Maßschuhe Ihres Gastes schnell mal verkostet. Also sparen Sie hier nicht am falschen Fleck.

Etwas warten können Sie mit der Anmeldung Ihres Welpen bei Ihrer Gemeinde. Die meisten Steuerämter lassen dem Welpen noch ein paar Wochen Schonfrist, bis sie dann kassieren.

▶ Die welpensichere Wohnung

Bevor Ihr kleiner Prinz zu Ihnen zieht, sollten Sie zwei Aufgaben erledigt haben. Einmal sollten Ihr Haus und gegebenenfalls Ihr Garten welpensicher sein und zum anderen sollten Sie all die Dinge besorgt haben, die der Kleine jetzt braucht.

Haus und Garten müssen sorgfältig auf Gefahrenquellen für den Welpen abgesucht werden, und diese Gefahrenquellen müssen Sie entweder beseitigen oder absichern.

Denken Sie bitte daran, dass Ihr Welpe fast alles schlucken könnte, was in seinen neugierigen Fang passt! Ist einmal ein Missgeschick passiert und ein Fremdkörper verschluckt, lassen Sie sich gleich von Ihrem Tierarzt beraten. Es empfiehlt sich, immer ein Döschen Sauerkraut im Haus zu haben. Wenn

Ihr Hund nach dem Lego-Baustein nämlich noch eine Portion Sauerkraut schluckt, sind seine Chancen, unbeschadet aus dieser Sache herauszukommen, deutlich besser. Das Sauerkraut wickelt sich nämlich um den Fremdkörper und hilft so, ihn schadlos wieder auszuscheiden.

Sie sollten natürlich auch Dinge sichern oder vorübergehend wegräumen, für die der Welpe eine Gefahrenquelle ist, zum Beispiel den wertvollen Teppich.

▶ Die Grundausstattung

Es macht Ihnen sicher auch Spaß, die Grundausstattung für Ihren Welpen zu besorgen. Ein kleines Leder**halsband** in der Größe, die Ihnen der Züchter sagt, genügt für den Anfang. Sie können auch ein praktisches verstellbares Nylonhalsband kaufen, das einige Wochen mit Ihrem Welpen mitwächst. Kaufen Sie keinesfalls ein Leder- oder Kunststoffhalsband mit so genanntem »Zug«. Das ist Tierquälerei und Sie brauchen solche Hilfsmittel der Gedankenlosen und Unfähigen nicht!

Spielen immer ohne!

Lassen Sie Ihren Welpen möglichst nicht mit anderen Welpen spielen, wenn alle ein Halsband tragen: Das Halsband immer beim Spielen abnehmen! Welpen verbeißen sich gerne in ihren Spielgefährten, ziehen und zerren an deren Fell. Wenn sie dabei mit ihren Zähnchen am »gegnerischen« Halsband oder gar einer Kette hängen bleiben, kann das übel ausgehen.

Ob Sie eine Leder- oder eine Nylon**leine** kaufen, ist reine Geschmacksache. Sie sollte für Ihren kleinen Hund etwa einen Meter lang sein. Ganz nützlich ist es natürlich auch noch, eine zweite Führleine zu kaufen, die Sie mit verschiedenen Ringen auf Längen zwischen ein Meter und zwei Meter verlängern können. Achten Sie darauf, dass die Leinen stabile Karabiner haben. Wer mag, kann sich auch ein Brustgeschirr für seinen Welpen kaufen. Das ist ganz nützlich, wenn er viel an der Leine gehen muss (Stadt, Leinenzwang). Mit Geschirr können Sie ihn »ziehen« lassen, am Halsband sollten Sie es nie erlauben. Außerdem können Sie Ihren kleinen Tunichtgut mit dem Brustgeschirr auch ziemlich sicher im Auto auf der Rückbank fixieren, wenn Sie allein mit ihm reisen.

Sie sollten natürlich unbedingt auch **Futter** bereithalten und einen **Futter-** und **Wassernapf** schon haben. Anfangs füttern Sie am besten dasselbe Futter wie der Züchter, um die Umstellung nicht zu erschweren. Gerade bei schnell wachsenden Rassen sind

Ein Welpe braucht Sie, aber er braucht auch einiges Zubehör für Fressen, Schlaf und Spiel.

▸ Gut geprägt ist halb gewonnen

Die Verhaltensforscher sprechen bei der 4. bis zur 16. Lebenswoche von der Prägephase. Das ist ein bildhafter Ausdruck dafür, dass alles, was der kleine Hund bis dahin erlebt, ihn prägt, wie ein Stempel einer Münze ihr Aussehen gibt. Natürlich lernt Ihr Hund sein ganzes Leben lang – täte er das nicht, könnte er kaum überleben. Gerade in unserer modernen Welt nicht. Aber dieses Lernen erfolgt nie mehr in seinem Leben so leicht, so schnell und so nachhaltig wie eben jetzt. Nie mehr kann er so viel lernen und nie mehr wird er es bereitwilliger tun.

Diese Prägephase kann von uns erwünschtes Verhalten begründen, sie kann aber auch weitreichende negative Konsequenzen haben. Da ein großer Teil dieser Prägephase beim Züchter abläuft, bestimmt er wesentlich darüber mit, was später für ein Hund aus dem Hundchen wird. Dort hat Klein-Arko schon viele verschiedene Menschen gesehen/gerochen, dort ist er Auto gefahren, dort hat er Radio, Fernseher, das Telefon und das Faxquietschen kennen gelernt. Er weiß, dass der Staubsauger kein Ungeheuer ist, sondern nur eines der vielen unerklärlichen Geräte, mit denen Menschen unverständliche Dinge tun, um die man sich als weltgewandter Hund aber nicht weiter zu scheren braucht. Knallen und Rasseln, Klappern und Getöse – gute Züchter stellen das absichtlich her: sie lassen Topfdeckel fallen, stopfen leere Konservendosen in Säcke und ziehen diese Rasseldinger durch die Gegend. Sie tun eine Menge, damit ihre Welpen auf unsere laute, manchmal für sie erschreckende Umwelt vorbereitet sind. Solche Welpen sind ein Leben lang von Lärm und anderem »Menschenkram« schwer zu beeindrucken.

Klein-Bello, der ausschließlich in einem Zwinger aufgewachsen ist, wird

Abschied und Neubeginn: Die Welpen nehmen den Umzug zu uns meist absolut gelassen.

ebenfalls geprägt. Aber leider schlecht, denn er erlebt wenig oder gar nichts, er hat keine Chance etwas zu lernen, Erfahrungen zu machen und Selbstbewusstsein zu entwickeln. Umweltsicher, menschenbezogen und voll Selbstvertrauen wird ein solcher Welpe nicht sein, wenn Sie ihn holen. Sie haben dann die doppelte Arbeit: Sie müssen einen »Verlernprozess« und einen Lernprozess bei Ihrem neuen Freund einleiten. Aber Sie kaufen ja gar keinen Welpen aus einer solchen Zucht, nicht wahr!

Was der gute Züchter begonnen hat, müssen Sie fortsetzen. Sie haben nur noch wenig Zeit – acht Wochen, die Sie unbedingt nutzen sollten.

Prägungs-Fahrplan

Machen Sie – vor Ankunft des Welpen – eine Art Lehrplan für sich und Ihren neuen Freund. Überlegen Sie: Was soll er können? Was soll er kennen (lernen)? Welche Erfahrungen soll er machen?
Im Kapitel »Erziehung leicht gemacht« (Seite 79) mache ich Ihnen einen Vorschlag, wie so ein gemeinsamer Lernprozess aussehen könnte. Hier wollen wir zunächst einmal nur darüber sprechen, wie man den kleinen Hund stilgemäß in seinem neuen Heim empfängt.

Richtig eingewöhnen

Stellen Sie sich vor, was dem kleinen Kerl da zugemutet wird: er wird zu einem Zeitpunkt aus dem Rudelverband gerissen, der in der Natur unweigerlich seinen Tod bedeuten würde. Wir nehmen ihn weg von Geschwistern und Mutter, von seinen Artgenossen, die bisher seine Welt bestimmt haben, mit denen zusammen er gespielt, gelernt, gefressen und geschlafen hat, bei denen und mit denen er sich sicher gefühlt hat.

Wir gehen davon aus, dass in der Zeit nach der Abgabe nach der achten Lebenswoche der Welpe ganz besonders gut in seine neue Familie einzuordnen ist. Wir beschneiden ihm damit aber eine wich-tige Entwicklung, nämlich das Erlernen einer erfolgreichen Auseinandersetzung mit seinen Geschwistern. Die Verhaltensforscher nennen das Rudelordnungsphase. Als kleinen, aber unerlässlichen Geschwisterersatz sollten wir unserem Welpen deshalb Spielmöglichkeiten mit anderen Welpen bieten.

Es ist immer wieder beeindruckend, wie gelassen Welpen die Übernahme in Ihre neue Familie wegstecken, mit wie viel Vertrauen sie sich in unsere Hände geben. Es ist nur recht und billig, dass Sie sich bemühen, dieses Vertrauen zu rechtfertigen.

Also zeigen Sie dem Welpen, dass er einen guten Tausch gemacht hat. Dazu gehört, dass Sie ihm von Anfang an Sicherheit geben: machen Sie ihm die Spielregeln des Zusammenlebens mit Ihnen klar und halten Sie sich dann bitte auch selbst daran.

Ihr kleiner Hund wird in der Regel mit acht Wochen an Sie abgegeben. Also mittendrin in seiner Prägephase. Er will jetzt lernen, er will sich einfügen in sein neues Leben, er will es Ihnen, seinem neuen Boss, recht machen. Verständigen Sie sich also bitte unbedingt vor Ankunft des Welpen in der Familie darüber, was der Kleine darf und was er nicht darf.

Marschieren Sie mit Klein-Rex über Brücken, lassen Sie ihn durch einen »Tunnel« schlüpfen (eine Stoff- oder Plastikröhre, wie sie für den Hundesport verwendet wird) und loben Sie ihn, wenn er seine Scheu überwunden hat.

Fahren Sie öfter als vielleicht nötig mit Ihrem Welpen Auto. Er soll es lieben lernen, und er soll es als eine fahrbare Hundehütte schätzen. Moderne Hunde müssen Autofans sein. Also nutzen Sie Autofahrten ins Spaziergangsgelände, zum Welpentreff und überall dorthin, wo es schön ist für Ihren Hund, um ihm das Autofahren angenehm zu machen.

Fahren Sie mit ihm Bus oder Bahn, benutzen Sie einen Lift. Zeigen Sie ihm Kühe und Pferde, Schafe und Hühner (sofern es das bei Ihnen noch gibt). Lassen Sie Ihren Welpen schwimmen, wenn es nicht gerade Winter ist.

Zeigen Sie ihm Menschen, Menschen, Menschen. Noch ist Ihr kleiner Cäsar ein süßer Teddy, den (fast) alle mögen werden. Zeigen Sie ihm, dass (fast) überall Menschen sind. Machen Sie ihm klar, dass er erst auf Ihre Erlaubnis Kontakt aufnehmen darf und ansonsten andere Menschen nicht näher beachtet.

Gehen Sie voran beim Entdecken der vielfältigen und beeindruckenden Umwelt. Ihr Welpe folgt Ihnen und lernt erstens, dass Sie wirklich ein beeindruckender Chef sind, und zweitens, dass dieser ganz neuen, aufregenden Welt mit Gelassenheit begegnet werden kann.

Nicht nur wenn der Kleine sitzt, sollte die Leine locker durchhängen. Üben Sie das mit dem Welpen, und für Sie beide wird später vieles leichter.

TIPP

Falls Ihr Welpe mit irgendetwas Probleme hat, weichen Sie der Sache nicht aus. Nehmen Sie sich Zeit, gehen Sie mit ihm gemeinsam das Ungeheuer an und lösen Sie Angst machende Situationen auf. Ihr Hund wächst – wie wir übrigens auch – mit seinen Aufgaben, nicht damit, dass er ausweicht.

Wenn Sie dieses Umwelttraining richtig und rechtzeitig machen, werden Sie später einen Begleiter haben, der Sie nicht umreißt, weil er einem Gitterrost ausweicht, der nicht am ganzen Körper zittert, weil er sich nicht über den Parkettboden des Restaurants traut oder durch den Anblick eines Rollstuhlfahrers irritiert ist. All das kennt Ihr weltgewandter Begleiter dann schon, er bleibt cool und Sie haben eine ganze Menge komplizierter Probleme vermieden.

Lassen Sie Ihren Welpen ruhig auch einmal vier, fünf Treppenstufen gehen. Es ist gut, wenn er den dafür nötigen Bewegungsablauf schon früh kennt. Wenn Sie es ihm nur ab und zu erlauben, wird er sicher in dieser Aufgabe, er erwirbt dadurch keine Hüftgelenksdysplasie. Wenn Sie aus falsch verstan-dener Vorsorge Ihrem Welpen und Junghund das Treppensteigen grundsätzlich verbieten, wird er Ihnen wahrscheinlich große Probleme machen, wenn er mit acht oder zehn Monaten plötzlich Treppen steigen soll oder muss.

Aktivitäten in Maßen

Natürlich braucht ein gesunder Hund rasse- bzw. typgerechten Auslauf. Eine Stunde plus x jeden Tag, je nach Veranlagung (des Hundes, bitte nicht Ihrer!). Aber bitte erst, wenn sein Bewegungsapparat halbwegs gefestigt und ausgereift ist. Es ist verständlich, dass Sie Ihren Nachbarn den süßen Welpen vorstellen wollen, aber marschieren Sie deshalb nicht zwei Stunden am Stück im Dorf herum.

TIPP

Im ersten halben Lebensjahr ist mehrmals täglich ein maximal halbstündiger Spaziergang bei mittleren und großen Hunden absolut ausreichend. Bis zu einem Jahr können Sie dann auf eine Stunde steigern und dann allmählich erhöhen. Die meisten mittelgroßen bis großen Hunde sind erst mit zwei, manche erst mit drei Jahren körperlich voll entwickelt und belastbar. Minis und kleine Hunde werden schneller erwachsen.

Sie schaden Ihrem Hund, wenn Sie dies nicht beachten. Er darf mit sich, mit Ihnen und mit anderen Hunden spielen, solange er kann und will, dabei werden alle Muskeln, Bänder und Gelenke unterschiedlich belastet. Ein Spaziergang mit uns ist eine einseitige, starke Belastung. Das gleichmäßige monotone Laufen belastet seine weichen Bänder und Gelenke enorm. Also lassen Sie es – Sie haben hoffentlich mehr als ein Dutzend Jahre Zeit, mit Ihrem Begleiter auf Spaziergängen zu renommieren. Lassen Sie ihm das erste Jahr Zeit zum Wachsen und zum Reifen. Ihrem dreijährigen Kind würden Sie ja auch keinen kilometerlangen Fußmarsch in strammem Tempo zumuten.

Noch schlimmer wäre es, wenn Sie Ihren Hund im Welpen- und Junghundalter am Fahrrad oder Pferd mitlaufen lassen würden – das wäre Tierquälerei. Wenn Sie möchten, dass Ihr Hund Sie später am Rad oder Pferd begleitet, dann stellen Sie es ihm vor, solange er Welpe ist. Er darf zur Gewöhnung auch mal ein bisschen neben ihm gehen, mehr aber nicht.

Auch dann, wenn Sie später vielleicht Hundesport machen möchten, zum Beispiel Agility, sollte Ihr Hund im ersten Lebensjahr die Geräte nur kennen lernen oder vorsichtig ausprobieren, mehr nicht und auf Tempo ohnehin nicht – auch wenn Ihr Sportsfreund auf vier Pfoten das selbst gerne möchte. Lassen Sie ihn wachsen!

Alleinbleiben

Wenn Sie alles andere richtig gemacht haben, ist das Alleinbleiben für die allermeisten Hunde überhaupt kein Problem. Denken Sie daran, dass Ihr Hund im ersten halben Jahr tagsüber nicht allzu lange allein bleiben sollte – die Nacht verbringt er ja ohnehin an Ihrer Seite.

Üben Sie mit Ihrem Welpen, nachdem er einige Zeit bei Ihnen ist, indem Sie das Zimmer für wenige Minuten verlassen. Machen Sie dabei aber keine riesigen Abschiedszeremonien oder Wiedersehensfeiern, sondern bleiben Sie völlig neutral. Sie gehen weg, sagen ein Wort Ihrer Wahl, zum Beispiel »Tschüss«, kommen nach ein, zwei Minuten zurück und sagen »So war's brav!«. Seien Sie aber nicht allzu begeistert und haben Sie bloß kein schlechtes Gewissen. Ihr Welpe merkt das nämlich und wird dann ganz aufgeregt und geht davon aus, dass Weggehen etwas ganz Schlimmes sein muss.

Also einfach so tun, als sei Weggehen und Wiederkommen die normalste Sache der Welt. Die meisten Hunde akzeptieren das ohne Murren. Heulsusen sind meist »selbst gemacht«, weil entweder wir selbst oder, bei einem Hund aus zweiter Hand, die Vorbesitzer einen Fehler gemacht haben.

Wenn er sich gelöst hat, vielleicht ein bisschen gespielt hat und nicht hungrig ist, können Sie ihn auch auf längere Abwesenheiten trainieren. Ihr Welpe wird dann in der Regel nichts zerstören, wenn Sie weg sind. Trotzdem sollten Sie Ihre Heiratsurkunde und den Nerzmantel vielleicht wegräumen, bis Sie sich dessen ganz sicher sind. Aber folgen Sie nur nicht den schlechten Ratgebern, die vorschlagen, dass man den Welpen in Badezimmer oder Flur sperrt, um Untaten zu verhindern. Lassen Sie Ihren Welpen dort, wo er auch sonst gerne ist, dann ist das eine normale Situation, die ihn nicht zusätzlich unsicher macht.

Üben Sie das Alleinbleiben auch gleich im Auto, erstens können Sie dann (falls die Temperaturen unter 15 °C sind), in Ruhe einkaufen und zweitens fällt es Ihrem Welpen dort meist leichter zu warten.

Wenn Sie das Weggehen systematisch üben und die Zeitdauer steigern, können Sie sich bald schon alleine zum Einkaufen auf den Weg machen. Ihr Welpe wird geduldig warten und darauf gespannt sein, was Sie von Ihrem Beutezug mitbringen.

▶ Beim Tierarzt

Last but not least in diesem Kapitel die Empfehlung, von Anfang an den Tierarzt zum Freund des Welpen werden zu lassen. Gehen Sie also keinesfalls in der ersten Zeit nur zum Tierarzt, wenn eine unangenehme Erfahrung (zum Beispiel Impfung o.ä.) ansteht. Ihr Tierarzt wird Sie sicher unterstützen, wenn Sie auch einmal nur so kommen, wenn Ihr Welpe kurz auf dem Untersuchungstisch geknuddelt und liebkost wird, ein tolles Leckerle erhält und die Praxis und den Tierarzt als etwas ausgesprochen Angenehmes empfindet.

Tierarztbesuche können auch bei den gesunden und robusten Hunden im Leben noch genug Unangenehmes bergen. Versuchen Sie, den Anfang dieser lebenslangen Beziehung zum Tierarzt für Ihren Welpen so angstfrei und so angenehm wie möglich zu machen. Meine Nessy freut sich furchtbar, wenn wir beim Tierarzt aus dem Auto steigen, zieht begeistert Richtung Ordination und setzt sich in Erwartung ihres Kekses ohne Aufforderung schon mal auf die Waage. Sie hat nur gute Erfahrungen gemacht. Hoffentlich bleibt das noch lange so.

Gesunde Ernährung

Gesunde Ernährung

▸ Der Hund ist, was er isst

Als die Vorfahren unserer Hunde auf den Menschen kamen, haben sie wahrscheinlich in Sachen Küche einen schlechten Tausch gemacht. Sie bekamen nun nicht mehr (wenn das Jagdglück das wollte) die Filetstücke, sondern eher die Abfälle, die die Menschen nicht mehr wollten. Im schlimmsten Fall landeten sie selbst im Kochtopf, wenn bei ihren neuen Freunden Schmalhans Küchenmeister war.

Über zig Jahrtausende war die Ernährungsgeschichte der meisten Hunde wohl eine Geschichte des Mangels und der Not. Sieht man mal von den verwöhnten Hunden edler Damen oder den geschätzten Begleitern adeliger Jagdherren ab, war Hasso Normalhund meist sicher ein »armes Schwein«.

Der moderne Welpe, der heute zu Ihnen ins Haus kommt, hat ganz andere Probleme mit seiner Ernährung. Heute sind Ernährungsprobleme bei Hunden in Deutschland zumindest fast immer Probleme der Überversorgung. Unsere Hundekinder bekommen zu viel Eiweiß, wachsen zu schnell und haben als Resultat dann Skelett- und Knochenprobleme – nicht wegen schlechter, sondern wegen zu »guter« Ernährung.

Die modernen, verwöhnten erwachsenen Hunde geraten in die Gefahr, ordentlich Übergewicht anzusetzen. Wie bei Menschen und schlimmer noch, hat Übergewicht für das Wohlbefinden und die Gesundheit Ihres Hundes negative Auswirkungen. Also achten Sie darauf, dass Ihr Schleckermäulchen gar nicht erst dicker wird, als es sein darf. Ihr Hund hat das richtige Gewicht, wenn er die Rippenprobe besteht: streichen Sie leicht – aber wirklich leicht – über seine Seite. Wenn Sie seine Rippen spüren, ist es okay. Wie bei uns selbst heißt auch bei ihm die Devise: Wehret den Anfängen!

Die meisten Hunde sind gute Futterverwerter, vergleichsweise anspruchslos und meistens hungrig. Sorgen Sie dafür, dass sie Spaß am Fressen haben. Sorgen Sie aber vor allem dafür, dass das Fressen nicht der einzige Spaß am Tage ist.

▸ Futterarten

Ich war lange Zeit eine ganz verbissene Verteidigerin von selbst gekochter Hundenahrung. In den USA gibt es wieder einen Trend dahin, selbst für

Cliff und Lassie zu kochen. Auch Sie können Ihr Hundefutter selbst kochen, es gibt ausgezeichnete Literatur dazu, was da reinsollte und wie man es optimal zusammenstellt. Aber mit meiner Nessy mache ich heute ganz prima Erfahrungen mit gutem Fertigfutter. Und wenn Sie sich nicht zu einer Fachkraft für ausgewogene Hundeernährung ausbilden wollen, dann kann man heute wirklich zur Fertignahrung für Hunde raten.

Es gibt eine breite Angebotspalette für alle Altersstufen des Hundes, für unterschiedliche Lebensbedingungen (säugende Hündinnen, Arbeitshunde, Familienhunde, wenig Aktive etc.), für verschiedene gesundheitliche Bedingungen (magenempfindliche, übergewichtige, allergische und kastrierte Tiere).

Sie können wählen zwischen Vollnahrung und Ergänzungsfutter. Vollnahrung heißt, dass Sie ein Alleinfutter bieten, das alle wichtigen Inhaltsstoffe enthält. Solche Vollnahrung erhalten Sie als Trockenfutter oder in Dosen. Aus Dosen oder selbst gekocht können Sie auch Fleisch anbieten, dazu brauchen Sie dann aber unbedingt Ergänzungsfutter, das sind Getreide- und Gemüseflocken, damit Ihr Hund eine vollwertige Mahlzeit erhält.

Sie können auch im Fertigfutterbereich abwechslungsreiche Kost bieten, indem Sie Trockenfutter mit kleinen Zutaten verfeinern oder strecken. Das könnte Gemüse sein oder Joghurt oder etwas Obst oder mal ein bisschen gedünsteten Fisch, was immer Sie gerade zur Verfügung haben.

Auch wenn die Futtermittelfirmen ihre Kundschaft natürlich an sich binden wollen: Ihr Hund wird nicht krank, wenn Sie die Futtermarke wechseln. Manche Hunde mögen das sowieso gerne und Sie prägen Ihren Hund nicht ausschließlich auf eine Futtermarke, was ganz fatale Konsequenzen haben könnte, wenn er dieses eine Futter einmal nicht bekommen kann (z.B. im Urlaub).

Was ein echter Hund ist, dem ist keine Zahnbürste zu groß.

Nahrungsbedarf

Der Hund hat im Laufe seines Lebens einen unterschiedlichen Bedarf an diesen Nahrungsbestandteilen. Viele gute Futtermittelhersteller berücksichtigen das inzwischen. Sie sollten vor allem bei Ihrem Welpen und bei Ihrem heranwachsenden Hund darauf achten, dass er spezielles, das heißt seinem Alter und seiner Rasse bzw. seinem Typ angepasstes Futter bekommt. Über- und Unterversorgungen vor allem mit Protein und Kalzium im ersten Lebensjahr Ihres Hundes können ernste Folgen für sein späteres Leben haben. Besonders hier sollte man mit »Selbstgemachtem« vorsichtig sein. Und besonders im ersten Lebensjahr sollte man auch nicht am Futter »sparen«, sondern zu hochwertigem Futter greifen.

Richtig füttern

- altersgerecht füttern
- die Zusammensetzung des Futters soll zum Hund passen
- Futterration auf mehrere Mahlzeiten am Tag verteilen (bei Welpen viermal, beim Junghund dreimal, bei Erwachsenen zweimal und beim Senior wieder dreimal täglich)
- zahnpflegende Futterbestandteile anbieten (Büffelhautknochen, Ochsenziemer, Hundekuchen u.ä.)
- Leckerli und Belohnungen in die tägliche Futterration einrechnen
- nie direkt aus dem Kühlschrank füttern
- keine gewürzten Tischreste füttern
- stets Wasser bereithalten

Tischsitten

Jeder Hund kann betteln – wahrscheinlich ab dem Zeitpunkt, an dem er halbwegs Kontrolle über seine Beine hat und mehrere Schritte geradeaus laufen kann. Jeder – auch ein dicker Hund – schafft es, Sie glauben zu machen, dass er augenblicklich in ein Hungerkoma fällt, wenn Sie ihm nicht schnell etwas zu fressen reichen. Manche Hundehalter behaupten steif und fest, dass ihr Hund sogar die Lefzen einziehen kann, um einen besonders hinfälligen Eindruck zu erwecken.

Es ist einfach so: Wenn Sie Ihren Hund niemals, wirklich niemals auf seine Initiative hin füttern, weiß er gar nicht, was Betteln ist. Das Problem ist nur: Sie sind konsequent und dann, ja dann zeigt ihm einfach Onkel Fritz, wie das geht: einen Menschen zum Futterspender erziehen.

Vielleicht gewinnen Sie diesen Machtkampf souverän. Wenn nicht, sehen Sie Ihren Widerstand gegen Ihren begabten Schauspieler auf vier Pfoten einfach als ständigen Prozess, in dem Sie (hoffentlich) die meisten Punkte sammeln.

Ihr Hund verträgt und liebt sein Futter am besten »körperwarm« – das schaffen wir natürlich nicht, aber aus dem Kühlschrank sollte man gar nicht füttern. Wenn man selbst kocht, kann man noch warm anbieten. Trockenfutter und Hundeflocken kann man mit heißem Wasser einweichen.

Trockenfutter sollten Sie nur im Ausnahmefall trocken füttern. Ihr Hund verdaut es leichter, wenn Sie es vorher quellen lassen. Mindestens eine Viertelstunde ist zu raten, welche Zeit optimal ist, finden Sie selbst heraus, je

Vornehm jeder für sich: Welpen bei einer ihrer Lieblingsbeschäftigungen. Die Welpen- und Junghundeernährung ist grundlegend für ein gesundes Hundeleben.

nach Futter und Geschmack Ihres Hundes.

TIPP

Denken Sie in diesem Zusammenhang auch an die Empfehlungen aus dem Erziehungskapitel: Füttern Sie Ihren Hund entweder zu anderen Zeiten, als Sie selbst essen, oder geben Sie ihm sein Futter, nachdem Sie selbst gegessen haben.
Nehmen Sie Ihrem Hund auch mal kurzfristig die Schüssel weg oder rühren mit dem Finger in der Leckerei und wehe, er duldet diese Rangdemonstration seines Bosses nicht gleichmütig – dann gibt es ein ordentliches Donnerwetter.

▸ Zeit zum Fressen

Vielleicht kennen Sie das auch: Vor einigen Tagen haben wir wie jedes Jahr die Uhren eine Stunde zurückgestellt: Winterzeit. Pünktlich um 12 Uhr (Sommerzeit) – meist schon etwas früher – begibt sich unsere Nessy zu ihrem Futterständer, setzt sich vor den leeren Ring, in den in Kürze ihre (gefüllte) Schüssel gehängt werden wird. Mehr oder weniger geduldig, sehnsüchtig und – wie es scheint – tiefsinnig betrachtet sie den leeren Raum in dem Ring. Es dauert Wochen, bis sie schweren Herzens akzeptiert, dass Winterzeit bedeutet, eine Stunde später zu fressen. Sehr viel angenehmer empfindet Nessy natürlich die andere Umstellung, die bedeutet, dass ihr Futter eine Stunde früher gereicht wird.

Wann Zeit zum Fressen sein soll, hängt vom Alter ab. Ihren Welpen füttern Sie viermal am Tag – möglichst gleichmäßig auf die wache Zeit verteilt –, Ihr Junghund bekommt dann ab dem 7. Lebensmonat nur noch dreimal

Wasser – auch für Hunde (über-)lebenswichtig. Die Wasserflasche für den Hund ist ein unbedingtes Muss im Auto.

Futter. Ihr Großer bekommt seine tägliche Futterration in zwei Portionen, damit erstens die Gefahr der Magendrehung vermindert wird und zweitens Ihr Hund nicht ganz so lange Abstände zwischen den Highlights jeden Hundetages hat: dem Speisen. Ihr alter Freund sollte seine Ration dann wieder dreimal am Tag bekommen.

Ob Sie Ihren erwachsenen Hund stets zur gleichen Zeit füttern, hängt im Wesentlichen von Ihren Lebensumständen ab. Tierärzte empfehlen feste Fütterungszeiten, weil sich der Organismus dann schon auf das kommende Futter vorbereitet. Aufnahme und Verwertung des Futters sollen so verbessert werden.

TIPP

Direkt vor dem Füttern sollte Ihr mittelgroßer bis großer Hund keine körperliche Anstrengung haben. Also, wenn er vom Hundesport, vom Hundespiel oder vom Ausritt bzw. Radfahren zurückkommt, nicht gleich eine Stärkung reichen. Experten empfehlen nach körperlicher Anstrengung eine Ruhepause von mindestens einer Stunde.

Sie müssen dann aber damit rechnen, dass Ihr Hund pünktlich zum Termin mit seinem Futter rechnet – zumindest, wenn Sie und er zu Hause sind. Der Fantasie eines Hundes, wie er Sie auf seine Essenszeit aufmerksam machen kann, sind keine Grenzen gesetzt, und ihm ist es auch ganz egal, wenn Erbtante Frieda zu Besuch ist und Ihre ganze Konzentration fordert.

▸ Nach dem Futtern

Ruhe nach dem Essen ist die erste Hundepflicht für alle Rassen. Achten Sie darauf, dass Ihre Kinder den Hund nicht zum Spielen verleiten, wenn Sie möchten, dass Ihr Hund noch lange spielen kann.

Anders ist das bei Welpen. Ihnen sieht man geradezu an, ob sie die optimale Menge gefuttert haben: Wenn sie nach dem Füttern nicht gleich umfallen und schlafen, sondern noch ein Viertelstündchen spielen, war alles prima. Sind sie nervend, hatten die Kleinen zu wenig Futter, plumpsen sie gleich in den Tiefschlaf, dann war es entschieden zu viel des Guten.

▸ Snacks – warum nicht?

Die Hundefutterindustrie hat jede Menge Ideen, was man Ihrem Hund noch nebenher an Snacks bieten könnte. Es gibt ihn zwar noch, den alten zahngesundheitsfördernden Hundekuchen, der auch noch so heißt. Manchmal nennt er sich aber schon Kraftriegel oder Maiskeimbrötchen oder anderswie modern. Die industriell gefertigten Hundesnacks und Belohnungsleckerchen sind heute vor allem für den menschlichen Käufer aufbereitet. Pralinenähnlich, in Form von Keksen oder italienischer Pasta, gerollt, geschichtet, als eine Art Überraschungsei (-knochen) für Hunde, nur Ihr Geldbeutel und Ihr gesunder Menschenverstand setzen hier Grenzen.

Für die rustikaleren Hundebesitzer und für die, die sich auf dem Weg zurück zur Natur befinden, gibt es jede Menge Trockenprodukte von Schlachtabfällen. Getrockneter Ochsenpenis, getrocknete Ohren von allen möglichen Schlachttieren, Rindernasen, Rinder- oder Schafspansen, Rinderhufe, Rinderlunge, sogar Hoden männlicher Rinder kann man seinem Hund zum Knabbern bieten. Manchmal finden Sie auch getrocknete Hühnerkralle im Snackregal oder einfach nur mehr oder weniger preiswerte Stückchen Rinderfell. Alles Geschmackssache, und das im Wortsinn. Die Lieferanten scheinen davon auszugehen, dass gerade die Produkte, die ganz besonders streng riechen, von der Kundschaft bevorzugt werden. Wie auch immer – den Hunden schmeckt das meiste davon ganz ausgezeichnet.

TIPP

Schweine und vereinzelt auch andere Schlachttiere können an der Aujeszkyschen Krankheit leiden. Hunde und Katzen, die das Fleisch derart infizierter Tiere fressen, sterben qualvoll. Nur Erhitzen über hundert Grad kann den Virus töten. Seien Sie deshalb vorsichtig mit getrockneten Schweineohren. Getrocknete Schlachtabfälle sind vor der Trocknung nicht immer ausreichend erhitzt worden. Wenn Ihr Zoofachhändler das nicht garantieren kann, kaufen Sie besser kein Schweineohr, es könnte die letzte Mahlzeit Ihres Hundes sein.

Ochsenziemer und Co.: es gibt jede Menge getrockneter Schlachtabfälle, die Ihrem Hund zwar munden, die Sie aber besser im Garten füttern – wegen Ihrer Nase!

Amerikanischer und deshalb hygienischer und steriler und überhaupt kaum mehr als das erkennbar, was es einmal war, sind Produkte aus Rinderhaut, die so genannten Büffelhautknochen und ähnliche Produkte: Knusperstängel, Kauröllchen und wie sie alle heißen. Das sind wunderbare Instrumente zum Zeitvertreib und zur Beschäftigung für Ihren Hund. Nur leider sind sie manchen Hunden, die mal auf den Geschmack eines kernigen Ochsenziemers gekommen sind, einfach nicht aromatisch genug. Wenn Sie Ihren Gourmet also zum Büffelhaut-Freund erziehen wollen, geben Sie ihm nur wenige der oben genannten Trockenprodukte.

Was immer und wie viel immer Sie Ihrem Hund zwischendurch füttern – denken Sie daran: fast alles hat Kalorien, die Sie in die tägliche Gesamtfuttermenge einrechnen sollten und von den Hauptmahlzeiten entsprechend abziehen müssen.

▶ Ungeeignetes Futter

Vieles, was Ihr netter Nachbar oder Ihr eigener Hund für ganz besonders lecker und hundetauglich halten, sollten Sie nicht füttern, weil es schädlich oder sogar gefährlich ist.

Knochen zum Beispiel sind entgegen aller alten und neuen Beteuerungen kein Hundefutter. Große und harte Knochen können Zähne schädigen.

Knochenteile oder kleine Knochen können irgendwo zwischen Schlund und Anus stecken bleiben. Wenn dies in der Luftröhre oder im Darm passiert, kann es zu lebensbedrohlichem Verschluss kommen. Die meisten kennen die Gefahr, die von Hühner- oder Kaninchenknochen für Hunde ausgeht.

Aber selbst wenn Ihr Hund ein ganz prima Knochenfresser ist, die Gefahr der Verstopfung ist groß. Es kann zum gefürchteten Knochenkot kommen, einem steinharten Kot, der sich an die Darmwand anlegt und nicht mehr transportiert werden kann. Qualvolle Darmspülungen oder die Entfernung mit einer Zange sind dann die üble Konsequenz. Also überlegen Sie, ob der »gute« Kalbsknochen wirklich gut für Ihren Hund ist.

Eben haben wir schon über die gefährliche Aujeszkysche Krankheit gesprochen, füttern Sie deshalb kein **Schweinefleisch** und auch keine Produkte mit rohem Schweinefleisch, also roher Schinken, Mettwurst, Salami u.ä. Es ist überhaupt empfehlenswert, gar kein rohes Fleisch – gleich von welchem Tier – zu füttern.

Fleisch ist kein Alleinfutter. Wenn Sie Fleisch füttern, geben Sie ein Fertigfutter ohne Fleischanteil (Gemüseflocken o.ä.) dazu. Fleisch allein führt zu Mangelzuständen.

Rohes Eiklar sollten Sie Ihrem Hund auch nicht geben (siehe Seite 48).

Schokolade ist keine Belohnung für Ihren Hund, sondern kann bei empfindlichen Hunden lebensbedrohlich wirken. Alle anderen Süßigkeiten sind auch nicht empfehlenswert: auch Ihr Hund kann Karies bekommen, und brauchen tut Ihr Freund Gummibärchen und Co. sowieso nicht.

Mist, Pferdeäpfel, Schafskot: Jetzt denken Sie vielleicht, na, das ist doch klar, so was ist doch kein Futter. Schön, aber was, glauben Sie, denkt Ihr Hund? Für ihn sind das die reinsten kostenlosen Pralinen, die da rumliegen. Sein Instinkt lehrt ihn, dass in diesen köstlichen Leckereien noch feine für ihn verwertbare Bestandteile sind. Leider – und das lehrt ihn sein Instinkt nicht – gibt es auch andere Bestandteile, die für seinen Magendarmtrakt nicht so erfreulich sind. Pferdeäpfel sind meist unbedenklich, aber einfacher ist es, Sie lehren Ihren Hund, gar keinen Mist aufzunehmen, als dass Sie versuchen, sich mit ihm auf die akzeptablen Mistsorten zu einigen.

Mäuse: Eigentlich sind Mäuse ein ganz wunderbares artgerechtes Lebensmittel. Die wilden Verwandten unserer Hunde füllen mit diesen »Snacks« ihren leeren Magen, wenn größere Brocken nicht zu kriegen sind. Nur bekommen erstens viele Hundebesitzer Panikattacken, wenn ihr Hund ein Lebewesen tötet, und zweitens sind Mäuse heute leider meist äußerst ungesund. Falls Sie die Ernährungsgewohnheiten der Mäuse nicht genau kennen, sollten Sie Ihrem Falko nicht erlauben, eine zu jagen oder gar zu verspeisen. Die modernen Feldmäuse sind nämlich leider oft schon halb vergiftet, wenn Ihr Hund sie erlegt. Vergiftet von der intensiven Landwirtschaft und den dabei ausgebrachten Herbiziden und Pestiziden. Beide können bei Ihrem Hund zu Vergiftungen führen, wenn er sie in entsprechender Menge aufnimmt. Die Waldmäuse sind Überträger des gefährlichen Fuchsbandwurms. Also gestatten Sie Ihrem Hund am besten erst gar nicht die Mäusejagd, auch wenn Sie ein paar Stellen wüssten, wo sie vielleicht nicht gefährlich wäre.

Brackiges Wasser: Auch hier gehen die Meinungen zwischen Hunden und Menschen weit auseinander. Ihr Schluckspecht wird, wenn er es nur entdeckt, brackiges Gießwasser aus der Regentonne wie einen Likör schlürfen. Pfützen, die sich im Übergangsstadium zu kleinen sumpfigen Biotopen befinden, laden Ihren Entdecker nicht nur zum köstlichen Bade, sondern auch zum Verkosten dieser Leckerei. Besonders im Sommer kann er sich dabei eine üble Magendarminfektion holen. Kann er – muss er aber nicht, sonst hätten im Sommer die meisten Hunde chronischen Durchfall. Aber haben Sie auf jeden Fall ein Auge auf Ihren Hund.

▶ Fütterungstipps

Sie werden natürlich als liebevoller Hundehalter dem Geschirr Ihres Hundes die gleiche Sorgfalt angedeihen lassen wie Ihrem eigenen. Blitzsauber soll es schon sein. Kaufen Sie deshalb Qualitätsware, die sich gut reinigen lässt.

Achten Sie darauf, dass niemals Futter stehen bleibt, zumindest nicht länger als eine Viertelstunde. Erstens erziehen Sie sonst vielleicht einen mäkeligen Fresser und zweitens verdirbt Futter schnell und wird zur Gefahr für das Wohlbefinden Ihres Hundes.

Höhenverstellbare Futterständer werden immer wieder wegen ihrer gesundheitlichen Vorteile für mittelgroße bis große Hunde gepriesen. Skelettbelastungen beim wachsenden Hund würden vermieden. Das übermäßige Schlucken von Luft während des Futterns sei ausgeschlossen und anderes mehr. Wie weit dies richtig ist, sei dahingestellt. Was aber jedem quasi auf den ersten Biss einleuchtet, ist, dass Ihr Hund damit ganz komfortabel speist. Er frisst auch meist manierlicher, weil die Näpfe nicht so leicht durch die Küche gezerrt werden können. Man kann sie als Hund auch nicht einfach umdrehen und kontrollieren, ob man auf der Unterseite noch Futterreste übersehen hat. Und mit dem Futterständer im Maul können selbst die meisten Doggen nicht hinter Frauchen dreinlaufen.

▶ Wasser

Der Körper unserer Hunde besteht zu 70% aus Wasser, und schon der Verlust von 15% davon ist tödlich. Wenn Sie sich den Wasserbedarf Ihres Freundes ganz genau ausrechnen wollen, müssen Sie 40–220 ml pro Kilo Lebendmasse Ihres Hundes rechnen. Je nach Umgebungstemperatur, Gesundheitszustand, bei Hündinnen, ob sie stillen, und je nachdem, welches Futter Sie anbieten, braucht man weniger oder mehr.

Natürlich brauchen Hunde, die Trockenfutter bekommen, deutlich mehr Wasser als andere.

Das Wasser für Ihren Hund soll natürlich Trinkwasserqualität und immer mehr als 10 °C haben.

Denken Sie also daran, dass Ihr Hund stets frisches Wasser hat, und denken Sie vor allem daran, wenn Sie in der warmen Jahreszeit mit ihm unterwegs sind. Mindestens eine Literflasche Wasser sollten Sie immer im Wagen dabeihaben, wenn Sie gemeinsam fahren. Und ein Napf, aus dem Ihr Hund trinken kann, gehört genauso ins Auto wie das Warndreieck.

Richtige Pflege

Richtige Pflege

Richtige Pflege ist neben der Ernährung und der artgerechten Beschäftigung der dritte Bestandteil der Gesundheitsvorsorge, für die Sie die Verantwortung tragen. Ein gepflegter Hund hat ein dichtes glänzendes Fell, klare sekretfreie Augen, sein Fell ist sauber, auch an den intimen Stellen unter der Rute, und frei von Verfilzungen und totem Haar. Seine Pfotenballen sind glatt und die Krallen nicht zu lang; seine Ohren sind sauber und geruchsfrei, seine Zähne in einem altersgemäßen Zustand ohne auffälligen Zahnbelag. Der Hund riecht nicht aus dem Fang.

So sollte das sein – zumindest meistens und immer dann, wenn Diana oder Hektor nicht gerade aus einem mit Mist gedüngten Feld zurückkommen.

Glänzendes Fell demonstriert Gepflegtheit und signalisiert Gesundheit.

Pflege ist Sozialkontakt

Sich gegenseitig zu pflegen, gehört sich unter Angehörigen. Zumindest bei Familie Hund ist das klar. Nicht ganz so perfekt wie Affen das tun, aber mit der gleichen Hingabe, hilft man sich, wenn man ungebetene Gäste aus dem Fell haben will. Es ist deshalb ganz normal, dass Sie Ihrem Hund ans Fell gehen. Wir Menschen benutzen dazu Bürsten, Lappen, Reinigungstinkturen, Zeckenzangen und anderes. Es bleibt aber, und so soll Ihr Hund das auch erleben, immer eine innige Form von Sozialkontakt, eine Handlung, die nebenbei die Vertrautheit, die Liebe und die Zusammengehörigkeit ausdrückt. Wenn Sie Ihren Welpen von klein auf daran gewöhnen, dass Sie pflegende Handlungen an ihm vornehmen, wird er später keine Probleme machen.

▸ Fellpflege

Menschen haben sich Hunde für ganz unterschiedliche Situationen geschaffen. Hunde, die droben in den Bergen oder draußen in den Steppen allein mit den Schafherden leben können. Hunde, die in der kalten See vor Neufundland den Fischern helfen. Hunde, die ideal bei verschiedenen jagdlichen Aufgaben einzusetzen sind. Hunde, die in Eis und Schnee überleben können. Menschen haben sich Hunde auch aus ganz unpraktischen Erwägungen gezüchtet, einfach, weil sie sich ein Bild von einem Hund machten, das sie dann herausgezüchtet haben. Wenn wir heute unsere Hunde anschauen, gibt es alle möglichen Fellarten, von der Fellkugel Wolfsspitz, den Löckchen der Pudel, den zottigen Filzschichten der ungarischen Hütehunde über die eleganten langhaarigen Jagdhunde, die kurzhaarigen Schönheiten bis hin zu den Exoten, die ganz ohne Haare leben müssen.

Bis auf Letztere und die Pudel, wenn man sie regelmäßig schert, haaren alle Hunde. Das ist für alle Hausfrauen und Hausmänner wichtig, die damit vielleicht ein Problem haben. Haar von langhaarigen Hunden sieht man besser, dem von Kurzhaarigen ist dagegen mit Staubsauger und Bürste schwerer beizukommen. Haarlose Haushalte gibt es nicht, wenn ein Hund darin lebt, und Hundehaare werden Sie überall finden – wenn Sie das ekelig finden, halten Sie sich besser Fische als Haustiere, denn vermeiden lässt sich das nicht.

Aber auch wenn Sie damit kein Problem haben: die Pflegeansprüche sind schon deutlich unterschiedlich, und Sie sollten sich gründlich prüfen, welchen Aufwand Sie betreiben wollen. Viele der beliebten Familienhunde aus der Grup-pe der Hütehunde, wie Bobtail, Bearded Collie, PON, Schapendoes, Tibetterrier und andere, hat der züchtende Mensch zu ganz schön pflegeintensiven Herausforderungen gemacht. Falls Sie sich für so einen Hund inte-ressieren, lassen Sie sich von den Züchtern zeigen, wie und wie viel Haarpflege nach einem tollen Spaziergang durch Feld und Flur erforderlich ist. So vermeiden Sie spätere Frustrationen, denn so wie die Schäfer wollen die meisten Familien nicht mit ihrem Hund umgehen: das Jahr über alle Verfilzungen und Fellknötchen ignorieren und dann einmal im Jahr mit den Schafen zusammen scheren.

Einfach zu pflegen sind die Kurzhaarigen, aber haaren tun sie auch.

Über Stock und Stein, durch Hecken und Auen – schöner Hund, aber aufwendig zu pflegen: Bearded Collies und andere Hütehunde stellen »haarige« Ansprüche.

Scheren und Trimmen – bei vielen Rassen gehört das zum Hundalltag. Viele Besitzer machen es selbst.

Manche Hunde, wie die Spitze zum Beispiel, sehen in Sachen Fellpflege anspruchsvoller aus, als sie sind. Also immer bei der Auswahl nachfragen und im Zweifel zeigen lassen.

Kurzhaarige Hunde und rauhaarige (z.B. die bekannten Teckel) sind ausnehmend einfach zu pflegen: Bürsten oder Striegeln reicht. Bei glatthaarigen Hunden reicht eine Gummi-Noppenbürste oder ein gut ausgewrungenes Fensterleder. Alle Hunde dieser Art sind ausgesprochen pflegeleicht.

Rauhaarige Hunde, wie zum Beispiel die Terrier und unsere deutschen Schnauzer, müssen regelmäßig getrimmt werden, wenn das Fell nicht zu üppig auswachsen soll. Das Trimmen kann man in speziellen Hundesalons machen lassen oder selbst bei einem der Pflege- und Trimmkurse lernen, die die einschlägigen Vereine anbieten.

Langhaarige Hunde haben unterschiedlichen Pflegebedarf, je nach Haarart. Diejenigen mit schlichtem, derbem Langhaar wie zum Beispiel Collie, Hovawart, Golden Retriever und auch die deutschen Spitze, stellen keine großen Ansprüche. Bei den Hunden mit schlichtem Langhaar, ohne oder mit wenig Unterwolle, neigt das Fell außer an einigen Stellen nicht zum Verfilzen. Auf diese Stellen sollte man dann aber achten: Das sind die feineren Haare um den Ohransatz, an den Achselhöhlen

TIPP

Viele Rauhaarige haben einen »Bart«. Damit sich dort nicht die Speisereste der ganzen Woche ansammeln, muss man Schnauzer und Co. regelmäßig kontrollieren und sauber machen.

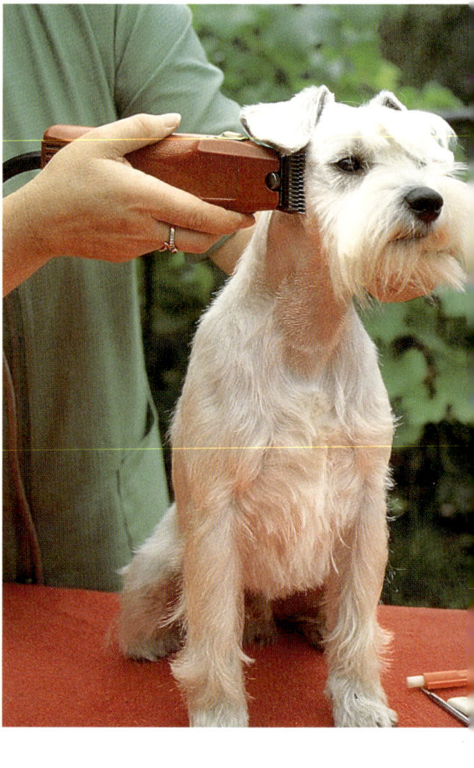

und die langen Haare an den Vorderläufen (Befederung). Außerhalb der Zeiten des Fellwechsels genügt wöchentliches Bürsten und bei den langhaarigen die Kontrolle der kritischen Stellen.

Langhaarige mit feiner Haarstruktur, wie zum Beispiel Setter oder Spaniel, brauchen mehr pflegende Zuwendung. Und Hunde mit seidigem Fell, wie es zum Beispiel die Afghanen haben, brauchen tägliche Aufmerksamkeit.

Auf die Ansprüche von langhaarigen Hunden, die zu Zotten neigen, wie einige der Hütehundrassen, haben wir schon hingewiesen. Hier ist oft tägliche Fellpflege, jedenfalls tägliche Kontrolle erforderlich.

Hunde mit feinem gelockten Haar, wie es zum Beispiel die Pudel haben, müssen zur regelmäßigen Schur noch mit einer speziellen Pudelbürste gepflegt werden, wobei der Pflegeaufwand relativ gering ist.

▶ Augen, Ohren, Zähne

Augen und Ohren sowie die Zähne Ihres Hundes sollten Sie ebenfalls regelmäßig anschauen.

Die Ohren, aber nur den äußeren Teil, also die Innenseite der Ohrmuscheln, sollten Sie regelmäßig inspizieren: Sie schauen, ob sie sauber sind. Falls nicht, reinigen Sie sie mit einem weichen Tuch, eventuell mit etwas Babyöl getränkt. Sie schauen nach Auflagerungen, nach Ohrenschmalz, das sich vorgearbeitet hat, und vor allem riechen Sie Ihrem Freund ins Ohr. Wenn es dort unangenehm riecht, ist es an der Zeit, den Tierarzt zu konsultieren. Laborieren Sie keinesfalls selbst im Ohr Ihres Hundes herum. Im Zweifel richten Sie meist mehr Schaden an als Nutzen.

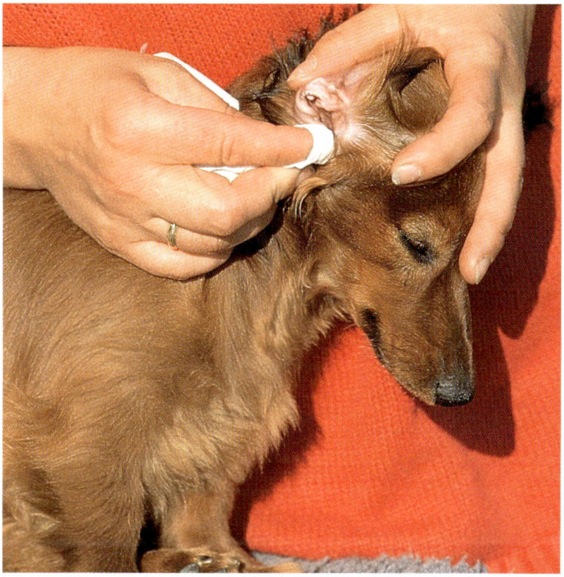

Bei allen Hunden, besonders aber bei denen mit hängenden Ohren, brauchen die Ohren unsere besondere Aufmerksamkeit.

In die Augen schauen Sie Ihrem Hundeliebling ja ohnehin ständig, also tun Sie es auch zum Zwecke der Körperpflege – vor allem morgens. Mit einem Papiertaschentuch entfernen Sie Sekretreste, die sich morgens manchmal am Augenwinkel finden. Ist der Ausfluss mengenmäßig deutlich größer als gewöhnlich oder eitrig, ist das ein Fall für Ihren Tierarzt.

Zähne kontrollieren Sie auf Anzeichen von Zahnstein und Entzündungen, und wenn Sie schon so dicht am Fang Ihres Hundes sind, riechen Sie auch gleich, ob sein Mundgeruch in Ordnung ist. Im Handel werden alle möglichen Präparate zur Vorbeugung von Zahnstein angeboten. Manche Tierärzte empfehlen auch, den Hunden die Zähne zu putzen. Sie müssen das selbst entscheiden, denn bei Hunden und bei Menschen ist es einfach so, dass manche Zahnstein bekommen und andere nicht. Sofern Sie Ihrem

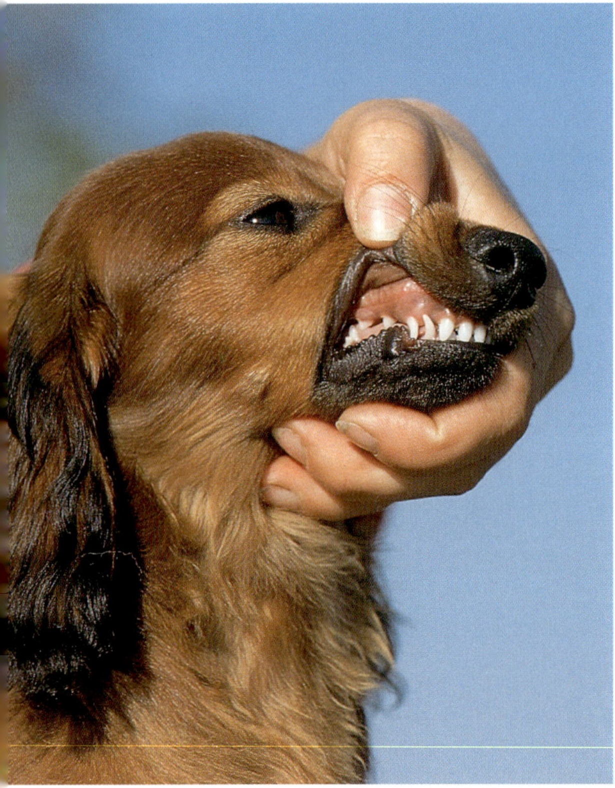

Regelmäßige Gebisskontrolle schützt vor bösen Überraschungen und ist eine gute Gewöhnung an Untersuchungen, die vielleicht einmal gemacht werden müssen.

Freund täglich die Möglichkeit geben, etwas Hartes zu knabbern (einen Hundekuchen, ein Stück Ochsenziemer oder einen Büffelhautknochen), haben Sie schon eine Menge zur Vorbeugung getan. Getrocknetes aus Rinderhaut und Kauröllchen gibt es in Formen, an denen sich selbst ein Zwerg von Hund knabbernd betätigen kann. Gönnen Sie Ihrem Hund das. Falls Ihr Hund zur Minderheit derer gehört, die trotz dieser schmackhaften Möglichkeiten der Prophylaxe anfällig für Zahnstein bleiben, dann können Sie sich immer noch zeigen lassen, wie man seinem Hund die Zähne putzt und sich abzeichnende Beläge selbst entfernt.

▸ Pfotenpflege

Hunde gehen »barfuß«. Angesichts der unterschiedlichen Bodenbeläge, die sie den ganzen Tag benutzen, ist das eigentlich eine erstaunliche Fertigkeit. Der Zustand der Fußballen sollte von Ihnen daher ebenfalls überprüft werden. Auch wenn Ihr Hund keine auffälligen Reaktionen zeigt, kann zwischen den Ballen alles Mögliche verkantet oder verklebt sein. Die Ballen sollten dunkel und glatt sein, wenn nicht, brauchen sie vermehrte Aufmerksamkeit und Pflege. Melkfett oder Vaseline tun hier gute Dienste.

Selbst dann, wenn Sie Ihrem Hund ein gemütliches weiches Bett gemacht haben, wird mancher harte Bursche den harten Boden vorziehen. Er kann davon unter anderem Liegeschwielen bekommen. Das heißt, dort, wo quasi die äußerste Stelle seines Körpers auf den harten Boden trifft, an seinem Ellenbogen, wird das Fell abgeschabt und es bilden sich richtige Schwielen. Anfangs helfen hier manchmal noch die eben genannten Fette. Wenn Sie

TIPP

Die Krallen Ihres Hundes werden sich in der Regel selbst kurz halten, wenn Ihr Hund öfter über harten, rauen Boden geht, zum Beispiel Asphalt. Manchmal werden die Krallen aber aus verschiedenen Gründen länger, als sie sein sollten. Das schafft dem Hund Beschwerden. Beim Tierarzt wird das Problem schnell und perfekt gelöst. Falls es bei Ihrem Hund ständig auftritt, können Sie sich zeigen lassen, wie man mit einer Krallenschere das Kürzen korrekt und ohne Verletzung vornimmt.

das Problem zu spät identifizieren, müssen Sie sich vom Tierarzt eine geeignete Salbe holen.

Zur Pflege Ihres Hundes gehört auch, daß Sie draußen unterwegs darauf achten, wo und vor allem worüber Sie beide gehen. Es ist klar, dass Sie einen Umweg machen, wenn Sie glauben, ein bestimmter Boden schadet Ihrem Hund oder gefährdet seine Pfoten.

EIS UND SCHNEE ▶ Die Pfoten Ihres Hundes brauchen gerade auch im Winter verstärkte Aufmerksamkeit. Bei den langhaarigen Hunden bilden sich beim Spaziergang im Schnee oft Schneeklumpen zwischen den Zehen und Ballen – manchmal so groß wie ein Tischtennisball. Das Gehen wird dadurch sehr schmerzhaft, und nicht immer gelingt es dem Hund, sich davon restlos zu befreien. Seien Sie also achtsam, wenn Ihr Hund sich hinlegt und an seinen Pfoten knabbert, warten Sie und helfen Sie ihm gegebenenfalls, die schmerzhaften Schneebälle zu entfernen.

Vorbeugen kann hier auch Melkfett oder Vaseline, das Sie Ihrem Hund großzügig zwischen Zehen und Ballen schmieren. Diese Fette schützen ihn auch ein wenig vor dem aggressiven Streusalz, das seinen Pfoten sonst arg zusetzt. Um Schäden zu vermeiden, die dadurch entstehen können, sollten Sie, wenn Sie mit Ihrem Hund gestreute Straßen queren, zu Hause mit warmem Wasser seine Pfoten abwaschen.

▶ Baden

Hunde schätzen es, sich mit verführerischen Düften für das andere Geschlecht attraktiv zu machen. Vielleicht schätzen sie einen neuen, aufregenden Duft auch nur für sich persönlich und zum eigenen Vergnügen. Vielleicht wollen sie sich auch den Duft einer anderen Spezies umlegen, um – quasi mit einer olfaktorischen Tarnkappe – unerkannt durchs Reich der jagdbaren Tiere zu schleichen. Langer Rede kurzer Sinn: recht viele Hunde schwärmen für so unaussprechliche Dinge wie Schafskot in allen Stadien des Zerfalls, Menschenkot, weggeworfene Windeln, verweste Säugetiere und Fische, vergammelten Quark hinter dem Milchgeschäft und alles, was Sie sich sonst nicht vorstellen können.

Natürlich wird Ihr gehorsamer Engel kommen, wenn Sie ihn abrufen. Aber bis dahin schafft er es bestimmt, große Flächen seines Körpers einzuseifen. In solchen Fällen werden an Ihre Selbstbeherrschung, an Ihren Humor und an Ihre Fähigkeit, möglichst lange mit angehaltenem Atem neben Ihrem Hund auszuharren, enorme Anforderungen gestellt.

Helfen tut nur eine schnelle Teil- oder Ganzwäsche Ihres Ferkels. Ihr Hund wird das dulden, verstehen wird er es nicht, denn für ihn war der verweste Marder, in dem er eben gebadet hat, so etwas wie eine Literflasche Ihres Lieblingsparfüms ganz umsonst, also quasi ein Vierer bis Fünfer im Lotto.

Abgesehen von solchen Situationen, in denen Ihr Liebling verständnislos die Demütigung erduldet, seinen neuen Duft übertünchen zu müssen, braucht er kein Reinigungsbad.

Außer in toten Fischen und anderem Stinkezeug wälzen viele Hunde sich auch gerne in normalem Dreck, liegen gerne in Pfützen, graben in frisch gepflügtem Ackerland – machen sich jedenfalls schmutzig. Und glauben Sie bloß nicht, das tut ein edler Rassehund nicht oder das macht Ihr süßer Kleinpudel nicht! Bei den meisten Hunden reicht es, wenn man sie kurz abrubbelt, wartet, bis sie trocken sind, sie bürstet und dann die Sand-dünen, die sich unter ihnen gebildet haben, aufkehrt. Bäder, gleich mit welch schonendem Hundeshampoo, sind immer eher schlecht für Haut und Haare, jedenfalls wird die Selbstreinigungsfähigkeit des Hundefells dadurch immer herabgesetzt. Also lassen Sie es oder beschränken Sie sich auf Abduschen mit klarem Wasser. Eine Ausnahme bilden jene Rassen, die regelmäßig zum Scheren müssen, wie zum Beispiel die Pudel.

Baden und Schwimmen in Bächen und Seen darf Ihr Hund aber bedenkenlos, wenn Sie der Wasserqualität trauen und wenn es nicht sehr kalt draußen ist, aber da wird Ihr Hund schon selbst vernünftig genug sein und nicht im Dezember in den See springen. Wenn er das nicht ist, dann seien Sie es und erlauben Sie es nicht.

Allgemeine Hygiene

Sie werden sehen, Ihr Hund hat bald eine eigene Aussteuertruhe: Handtücher, Waschlappen, Decken fürs Auto und zum Schlafen, Bezüge für seine Schlafmatratze und nochmals Decken für diverse Zwecke. Kleine Hunde haben oft mehr »Aussteuer« als große. In Ihrem und in seinem Interesse sollten Sie darauf achten, dass hier besser einmal zu viel die »Wäsche« gewechselt wird als einmal zu wenig. Parasiten nisten sich dort gerne ein und die meisten von ihnen überleben eine Tour durch die Waschmaschine nicht. Wäschewechsel ist also eine einfache Vorbeugungsmaßnahme gegen Parasiten.

Die Schlaf- und Ruheplätze Ihres Hundes im Haus sollten Sie aus dem glei-chen Grund häufig saugen und die Umgebung aufwischen.

Das war es schon: Einen Hund pflegen heißt, ihm vor allem Aufmerksamkeit zu schenken. Das bisschen Bürsten macht sich dann bei den meisten Rassen fast von allein und ist darüber hinaus Anlass für genießerischen Sozialkontakt zwischen Freunden.

Pflegekalender

- [ ] Augen auf unnormalen Sekretfluss kontrollieren (täglich)
- [ ] Fell auf Parasiten insbesondere Zecken absuchen (täglich)
- [ ] Fell auf Verfilzungen kontrollieren und bürsten (je nach Rasse und Typ)
- [ ] Pfoten und Krallen kontrollieren (wöchentlich)
- [ ] Ohren kontrollieren (wöchentlich)
- [ ] Zähne (wöchentlich)

Rundum gesund

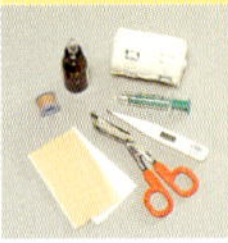

Rundum gesund

Fit wie ein Turnschuh: Nur ein gesunder Hund ist so voller Lebensfreude – helfen Sie Ihrem Hund, gesund zu bleiben.

Glaubt man den Fachzeitschriften, dann leben unsere Hunde länger als ihre Vorfahren. Ganz sicher sind unsere Hunde heute besser tierärztlich versorgt als je zuvor in der Geschichte unserer Partnerschaft. Ob Hunde heute krankheitsanfälliger sind als früher oder ob wir nur mehr über ihre Krankheiten wissen und sorgfältiger auf Symptome achten, ist dabei eine ungeklärte Streitfrage.

Wichtig für Sie und für alle Hundehalter ist allein, dass es mit unsere vornehmste Pflicht ist, die Gesundheit unserer Tiere zu fördern. Dies gilt insbesondere auch für alle Rassezuchtvereine, denn kranke Hunde leiden nicht nur selbst, sondern mit ihnen leidet immer auch ihr menschlicher Anhang. Die Gesundheit Ihres Freundes fördern heißt für Sie:

- richtig ernähren,
- richtig beschäftigen,
- richtig beobachten,
- richtig in den Sozialverband einordnen.

Wenn Sie Ihrem Hund ein schönes, ausgefülltes Leben an Ihrer Seite bieten, haben Sie schon den größten Teil dessen getan, was Sie persönlich für seine Gesundheit tun können. Darüber hinaus braucht es zwei Dinge: erstens Ihre Aufmerksamkeit für Ihren Hund, denn Sie kennen ihn am besten und merken schnell, wenn etwas nicht stimmt; und zweitens: die Einhaltung einiger Regeln wie Impfungen, Entwurmen und – je nach Alter – ein- bis mehrmals jährlich ein Besuch beim Tierarzt.

▸ Vorbeugen ist besser

Keine Sorge, schon nach kurzer Zeit werden Sie genau wissen, wie ein gesunder Hund aussieht: Er ist schlank, bewegungsfreudig und blickt Sie aus klaren, unternehmungslustigen Augen an. Seine Schleimhäute sind gut durchblutet, sein Fell glänzt, Augen und Nase sind sekretfrei. Ein gesunder Hund riecht nicht aus dem Fang, wenn er nicht gerade etwas Unaussprechli-ches verschlungen hat, und nicht aus dem Gehörgang. Zahnbelag und Ohrenschmalz sieht man nicht – zumindest beim jüngeren Hund. Seine normale Körpertemperatur, die Sie natürlich nicht ständig messen müssen, liegt bei 38,5 °C.

▸ Gesundheits-Check

Auch wenn Ihr Hund keine Auffälligkeiten zeigt, sollten Sie ihn regelmäßig »durchchecken«. Beginnen Sie damit beim Welpen, dann ist Ihr Hund das gewöhnt, wenn dann der Check im Alter noch nötiger und noch umfassender wird. Machen Sie aus der »Besichtigung« eine liebevolle, zärtliche Angelegenheit, und Ihr Hund wird sich auf den Check freuen.

Beginnen Sie am besten am Kopf: Ohren auf Geruch und Auflagerungen untersuchen, Augen auf übermäßige Sekretspuren und Rötungen der Bindehaut prüfen, in den Fang sehen und riechen (Beläge und Entzündungen, manchmal können auch kleine Fremdkörper zwischen den Zähnen stecken). Am Rumpf knubbeln Sie Ihrem Genießer das Fell, er legt sich dabei sicher gerne hin. Schauen Sie nach Verfilzungen, vor allem aber nach Krusten, Schwellungen oder Knötchen. Mit unbemerkten Hautverletzungen ist nämlich nicht zu spaßen. Knötchen können entzündete Talgdrüsen sein, die behandelt werden müssen.

Im Bauchbereich tasten Sie bei der Hündin die Milchleiste entlang, dort können sich gutartige, leider aber auch bösartige Geschwülste bilden. Kontrollieren Sie beim Rüden die Vorhautöffnung auf übermäßige Sekretspuren. Am Hinterteil schauen Sie sich Anal- und Scheidenöffnung an. Die Pfoten und Ballen werden auf Schnitte, Rötungen (könnten Milben sein), Fremdkörper untersucht, und die Krallen kontrollieren Sie auch gleich mit. Besonders zwischen den Zehen schauen Sie nach Fremdkörpern, die sich dort manchmal im Haar verhaken und dann Schmerzen verursachen können.

Das gehört zwar nicht zum körperlichen Check up, das sollten Sie aber ebenfalls regelmäßig inspizieren: Der Kot Ihres Hundes gibt Ihnen einen wichtigen Anhaltspunkt über sein Wohlbefinden. Verändert der Kot seine Konsistenz in Richtung flüssig und breiig, ist das immer ein Zeichen, dass etwas nicht stimmt. Dauert ein solcher Zustand an, müssen Sie zum Tierarzt.

Würde meine Nessy einmal nicht augenblicklich Ihren Fressnapf leeren, wäre das für mich ein Fall, umgehend den Tierarzt aufzusuchen. Sie kennen Ihren Hund am besten, also wissen Sie auch, ob ein Verhalten normal oder ungewöhnlich ist. Wenn es ungewöhnlich ist, dann gehen Sie besser einmal zu viel als einmal zu wenig zum Tierarzt.

zwischen Erste-Hilfe-Kurse für Hundehalter an. Besuchen Sie einen – und hoffentlich müssen Sie Ihre Kenntnisse dann nie anwenden.

Handy für Hunde

Handys sind nicht nur für uns selbst praktische Kommunikationsmittel. Wenn man ein Handy dabei hat, fühlt man sich auch beim Hundespaziergang besser. Wenn Sie selbst oder Ihr Hund oder Sie beide Hilfe brauchen, können Sie sie holen. Den Luxus sollte man sich gönnen.

Hausapotheke für den Hund

Im Laufe seines Lebens wird Ihr Hund eine mehr oder weniger umfangreiche Hausapotheke brauchen. Was dort hineingehört, sagt Ihnen Ihr Tierarzt und die Erfahrung mit Ihrem Hund nach einiger Zeit. Bei den meisten Hunden ist sie nicht sonderlich umfangreich, zumindest nicht in der Jugend und im Erwachsenenalter.

Die Einwegspritze (ohne Kanüle) als praktisches Hilfsmittel, wenn flüssige Medikamente eingegeben werden müssen.

Als Hilfsmittel, die Sie parat halten sollten, empfiehlt sich eine Zeckenzange, eine Schere mit abgerundeten Spitzen, ein Beißschutz (Maulkorb oder Maulbinde), falls Ihr Hund sich so schwer verletzt hat, dass er um sich beißt; ein eigenes Fieberthermometer für Ihren Hund und eine Einwegspritze (ohne Nadel), mit der Sie Ihrem Freund z.B. Tropfen eingeben können.

Infektionskrankheiten

Hunde können – wie wir – jede Menge Infektionskrankheiten bekommen. Vor allem Hunde mit einem entwickelten Gesellschaftsleben sind vielfältigen Ansteckungsgefahren ausgesetzt. Eine gute Konstitution hilft schon, aber nicht überall schützen natürliche Abwehrkräfte. Gegen einige der schlimmsten Infektionskrankheiten kann man seinen Hund schützen: Tollwut, Staupe, Parvovirose, Leptospirose, Hepatitis. Die Tiermedizin hat einen Impfplan entwickelt, an den sie sich als verantwortungsbewusster Hundehalter auf jeden Fall halten sollten.

Eine Krankheit, die ganz ähnliche

Impfkalender

Alter	*Impfung gegen*
6–8 Wochen	Parvovirose, Zwingerhuste
8–10 Wochen	Staupe, HCC, Leptospiros
10–12 Wochen	Parvovirose, Zwingerhuste
12–14 Wochen	Staupe, HCC, Leptospiros Tollwut
Jährliche Wiederholung	Leptospirose, Parvovirose Zwingerhusten, Tollwut
Wiederholung alle 1–2 Jahre	Staupe, HCC

Symptome wie die Tollwut hat, nämlich Juckreiz, Hecheln, Speichelfluss, heißt deshalb auch »Pseudowut« (Aujeszky-sche Krankheit). Übertragen wird der Erreger im rohen Schweinefleisch. Die Krankheit ist nicht heilbar und führt unweigerlich zum Tode. Deshalb verfüttern Sie am besten gar kein Schweinefleisch, auf keinen Fall rohes oder nicht durchgekochtes. Da die Krankheit uns Menschen nicht erfasst, müssen Fleischer auch keine entsprechenden Vorsichtsmaßnahmen treffen. Das Messer, das vorher am Schweinefleisch und danach am Rindfleisch zum Einsatz kam, kann somit todbringend für Ihren Hund werden. Also verfüttern Sie vorsorglich überhaupt kein rohes Fleisch.

»Rohes« Fleisch ist auch Mett, Hackfleisch, roher oder geräuchter Schinken, Salami usw. Achten Sie sorgfältig darauf, dass Ihr Hund keine solchen möglicherweise lebensgefährlichen Leckerchen bekommt.

Auch bei Hunden gibt es »Grippewellen«. Wenn Ihr Hund Fieber, Husten oder Schnupfen hat, wenn er Durchfall und Erbrechen hat, zögern Sie nicht, sofort zum Tierarzt zu gehen. Vor allem wenn Ihr Hund noch sehr jung ist, sollte man bei Verdacht auf eine Infektionskrankheit nicht warten.

TIPP

Manchmal ist es keine Infektion und ganz harmlos, aber wenn Ihr Welpe Durchfall hat, ist das immer sofort ein Anlass zum Handeln. Wenn nicht nach einem Tag eine deutliche Besserung eintritt, empfiehlt sich immer der Tierarztbesuch.

Parasiten

Nicht nur wir Menschen mögen Hunde. Flöhe, Milben und Zecken tun dies auch. Wenn Ihr Hund sich auffällig und lange die Pfoten leckt, könnte es sein, dass er **Herbstgrasmilben** hat. Sie erkennen die Plagegeister als orangefarbene Auflagerungen zwischen den Zehen. Ihr Tierarzt kann mit Salben und Einreibungen helfen.

Deutlich ärgerlicher sind **Flöhe**, die Ihr Hund überall aufgabeln kann. Flöhe sind nicht nur wegen der Stiche unangenehm, sie können auch Krankheiten übertragen. Flöhe mögen manchmal auch Menschenblut, und wenn Sie

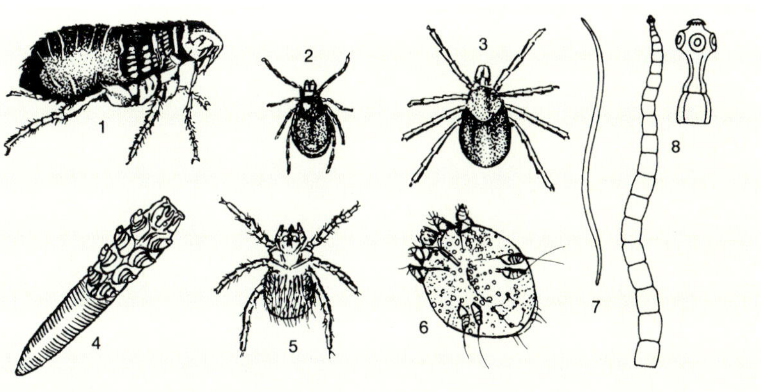

Mögliche Parasiten
1 Hundefloh
2 Zeckenmännchen
3 Zeckenweibchen
4 Haarbalgmilbe
5 Herbstgrasmilbe
6 Grabmilbe
7 Spulwurm
8 Bandwurm, Kopf im Detail

Pech haben, teilen Sie sich die Plagegeister mit Ihrem Hund.

Die Tiermedizin hat wirksame und einfach anzuwendende Präparate entwickelt. Für einzelne Flöhe mag noch der Flohkamm als ungiftige Bekämpfungsmethode angehen, ein richtiger Befall braucht richtige Gegenwehr. Flohbefall erkennen Sie daran, dass sich Ihr Hund kratzt, und – wenn es schon relativ schlimm ist – am Flohkot auf der Haut Ihres Hundes. Vielleicht sehen Sie sogar einen Floh.

Flöhe gehen nur zum Futtern auf ihren unfreiwilligen Wirt. Ansonsten suchen sie sich gemütliche Plätzchen zum Ruhen, zum Vermehren und zur Eiablage. Meist sind Hundebetten ideale Wohnstätten für Flöhe und deren Nachwuchs. Also halten Sie Schlaf- und Ruheplätze Ihres Hundes stets sauber. Saugen Sie dort häufig, wischen Sie feucht auf und waschen Sie seine Decken häufig. Einen Waschgang in der Maschine überlebt kein Floh.

Mit einer Zeckenzange kann man den Plagegeist ganz vorn am Kopf packen und herausziehen.

Die **Zecke** war früher ein lästiger Parasit, ein frecher Blutsauger mit enormen Überlebenstechniken. Heute ist sie für Mensch und Tier ein Überträger gefährlicher Krankheiten. Hunde können ebenso wie wir an der von Zecken übertragenen Hirnhautentzündung erkranken und vor allem: Hunde können sich ebenfalls mit Lyme-Borreliose anstecken. Heute trägt schon ein großer Teil der Zecken den Erreger für diese gefährliche Krankheit in sich. Unerklärliche Lahmheit oder plötzlich auftretende Herzbeschwerden können Symptome sein. Rechtzeitig erkannt, hilft die Gabe von Antibiotika zuverlässig. Verkannt oder nicht erkannt, leidet Ihr Hund lange Zeit, weil man nur an den Symptomen kuriert. Folgeschäden sind dann unausweichlich. Suchen Sie Ihren Hund also regelmäßig nach Zecken ab.

Neuerdings wird eine Zeckenimpfung für Hunde empfohlen. Die Tierärzte sind sich in der Bewertung ihrer Wirksamkeit anscheinend noch nicht einig. Beraten Sie sich mit dem Tierarzt Ihres Vertrauens über einen vorbeugenden Zeckenschutz, der auf Ihren Hund und auf Ihre Lebensumstände zugeschnitten ist, und beobachten Sie verdächtige Symptome.

Es gibt jedes Jahr neue Empfehlungen, wie man eine Zecke am unschädlichsten entfernt. Die Zecke muss raus, und zwar möglichst schnell und vollständig. Das scheint den meisten Menschen am besten mit der Zeckenzange zu gelingen. Versuchen Sie die Technik, die Ihnen am besten gelingt – und dann raus mit dem gefährlichen Parasiten.

Würmer sind ebenso unerwünschte und teilweise noch gefährlichere Kostgänger als Flöhe. Sie schwächen den Organismus Ihres Hundes und machen ihn anfällig gegen Krankheiten, und einige Würmer sind leider auch auf den Menschen übertragbar. Regelmäßige Wurmkuren bieten einen zuverlässigen Schutz. Die Tiermedizin hat hier ebenfalls eine Menge Hilfe zu bieten. Ihr Tierarzt wird Ihnen den Rhythmus der Kuren und das Präparat empfehlen, die am besten zu Ihrem Tier und zu Ihrer Familie passt.

▶ Rassetypische Krankheiten

Die Rassezuchtvereine beobachten ihre Tiere sehr genau. Einige Rassen zeigen Neigungen zu bestimmten Krankheiten, und die Vereine sind in aller Regel bemüht, diese zu bekämpfen und durch geeignete züchterische Maßnahmen auszuschließen.

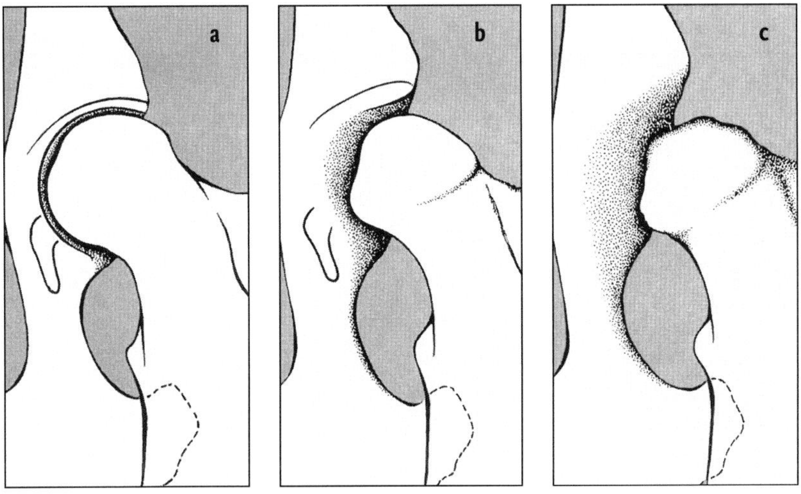

Hüftgelenks-dysplasie
a normales Hüftgelenk
b mittlere HD
c schwere HD

Jeder, der sich für einen größeren Hund interessiert, kennt zum Beispiel die gefürchtete **Hüftgelenksdysplasie**. Von HD spricht man dann, wenn das Hüftgelenk des Hundes nicht korrekt ausgebildet ist, das heißt, wenn Gelenkpfanne und Oberschenkelkopf nicht richtig zusammenpassen. Dies ist eine Erbkrankheit, die man bei Mischlingen ebenfalls häufig antrifft. Die HD ist ein Beispiel dafür, wie ernst die züchterischen Bemühungen um die Gesundheit einer Rasse gemeint sind. Dort, wo Vereine sich bemühen, sind beachtliche Fortschritte erzielt worden.

Machen Sie sich also kundig, wenn Sie sich für eine bestimmte Rasse interessieren, welche Krankheiten dort häufiger auftreten und wie weit deren Bekämpfung gediehen ist. Ein Hund, der nicht oder nur unter Schmerzen laufen kann, der nichts hört oder der früh erblindet, ein Hund der epileptische Anfälle hat oder Allergiker ist, hat nur eine begrenzte Lebensqualität – und Sie dann mit ihm auch. Es ist schlimm, wenn Ihr Rassehund oder Ihr Mischling eine solche dramatische gesundheitliche Beeinträchtigung entwickelt. Schlimmer ist, wenn er sie deshalb entwickelt, weil keine sorgfältige, auf Gesundheit gerichtete Zuchtauswahl erfolgt ist. Schon allein deshalb sollten Sie nur von seriösen Züchtern kaufen und bei Mischlingen – soweit das überhaupt möglich ist – die Eltern genau kennen.

▶ Magendrehung

Die Magendrehung kann vor allem große Hunde treffen. Glücklicherweise hört man heute nicht mehr sehr oft davon, weil die Hundehalter vorbeugen. Aber die Magendrehung kann vorkommen und Sie müssen sie kennen. Die Magendrehung ist ein akuter Notfall, Sie müssen die Symptome erkennen und sofort tierärztliche Hilfe suchen, denn nur eine sofortige Operation kann Ihren Hund retten.

Bei der Magendrehung verändert der gefüllte Magen seine Lage. Ein- und Ausgang werden dabei quasi abgeschnürt. Die jetzt entstehenden Gase blähen den Magen wie einen Ballon auf, bis die Blutgefäße abgedrückt werden, die Atmung erschwert wird und es zu einem lebensbedrohlichen Kreislaufversagen kommt.

Die Symptome sind recht eindeutig: Ihr Hund ist unruhig, er versucht vergeblich, sich zu erbrechen, sein aufgegaster Magen sieht wie eine riesige harte Kugel aus. Falls sein Kreislauf schon beeinträchtigt ist, erkennen Sie es an den blassen Schleimhäuten.

Vorbeugen kann man, indem man auch den erwachsenen Hund zweimal am Tag füttert und ihn nach seinen Mahlzeiten nicht herumtoben lässt. Auch die Magendrehung scheint in bestimmten Linien gehäuft aufzutreten.

▸ Läufigkeit und Zyklusstörungen

Hündinnen werden bekanntlich **läufig**. Meist zweimal im Jahr, aber nicht immer im oft genannten Abstand von sechs Monaten. Manche Hündinnen werden auch in größeren Abständen läufig, kleine Hündinnen manchmal in kürzeren.

Die Läufigkeit ist natürlich keine Krankheit, sondern das Gegenteil, obwohl viele sich wegen der Läufigkeit gegen eine Hündin entscheiden. Eine Entscheidung, die ich nicht verstehen kann, denn die Läufigkeit ist in keinerlei Hinsicht ein Problem, wenn man nicht gerade einen aktiven Rüden im Haus hat.

Im Zusammenhang mit der Läufigkeit kann es aber zu Störungen kommen, die Sie kennen sollten. Manche Hündinnen neigen zur **Scheinträchtigkeit**. Das bedeutet, die Hündin zeigt das Verhalten einer trächtigen Hündin bzw. einer Hündin nach der Geburt.

Läufigkeitsdiagramm

Tag		
5		Scham beginnt anzuschwellen
4		
3		
2		
1		großer Appetit, sehr anhänglich
1	Ausfluss	rot
2		
3		
4		hellrot
5		
6		rosa
7		
8		
9		farblos
10		
11		in der Regel bester Decktermin
12		
13		
14		während dieser Zeitspanne wird der Rüde von der Hündin am besten angenommen
15		
16		
17		
18		Hündin lehnt den Rüden ab; in seltenen Fällen aber auch noch am 21. Tag Befruchtung möglich
19		
20		
21		

Das kommt daher, dass in den Eierstöcken die Gelbkörper nicht zurückgebildet werden und so zu einer hormonellen Störung führen.

Es scheint eine familiäre Veranlagung dafür maßgeblich zu sein. In leichten Fällen gelingt es mit Arbeit, Ablenkung und viel Spiel, die Angelegenheit zu beenden.

Wenn die körperlichen Symptome aber gravierend sind (Milchproduktion, Entzündungen etc.), braucht Ihre Hündin tierärztliche Hilfe. In ganz schlimmen Fällen ist manchmal eine Totaloperation angezeigt.

Auch die gefürchtete **Gebärmutterentzündung** ist eine Folge von Hormonstörungen. Die Schleimhaut der Gebärmutter ist unter dem Einfluss der Eierstockhormone verdickt und Bakterien können sich dort ansiedeln. Bei geschlossenem Muttermund kann es dann bei einer Infektion mit Bakterien zu einer großen Ansammlung von Eiter in der Gebärmutter kommen.

Sie erkennen die Gebärmutterentzündung daran, dass meist drei bis acht Wochen nach der Läufigkeit die Hündin matt wird, vermehrt Durst hat. Wenn der Muttermund geöffnet ist, kann eitriger Scheidenausfluss austreten, ist er geschlossen, kommt es zur Umfangsvermehrung des Bauches. Manchmal zeigt die Hündin auch Probleme beim Hinsetzen oder Aufstehen.

Sie müssen sofort zum Tierarzt. Er entscheidet, ob er noch medikamentös helfen kann oder ob er eine Totaloperation vornehmen muss. Züchten sollte man mit einer solchen Hündin ohnehin nicht.

▸ Naturheilkundliche Therapien

Naturheilverfahren werden in der Tiermedizin heute vermehrt eingesetzt. Homöopathie und Methoden der traditionellen chinesischen Medizin sind heute fast schon Standard. Es gibt ganz ausgezeichnete Fachbücher, die verständlich in Naturheilverfahren für Tiere, in Homöpathie und Bach-Blütentherapie einführen.

An dieser Stelle möchte ich vor allem auf ein Buch hinweisen, das den so genannten TTouch beschreibt. Das ist eine Methode des Umgangs mit Tieren, die die Amerikanerin Linda Tellington-Jones in Anlehnung an Moshe Feldenkrais zunächst für die Arbeit mit geschundenen Pferden entwickelt hat. Durch Berührungen (Touches), die in einer bestimmten Form ausgeführt werden, und durch ungewohnte Bewegungen sollen neue Nervenbahnen und Gehirnzellen aktiviert werden.

Die Tiere werden meist ruhiger, Stress wird abgebaut, das Vertrauen und die Intelligenz des Tieres werden gefördert. Und was auf jeden Fall entsteht, ist eine bessere, tiefere Beziehung zwischen Mensch und Tier. Bei verängstigten, verhaltensauffälligen Tieren hat diese Methode nachweislich zu ganz ausgezeichneten Erfolgen geführt. Bei Ihrem netten Haushund ist sie Mittel zur Beziehungspflege und Hilfe bei kleineren Wehwehchen. Die Lektüre des Buches und der Besuch eines TTouch-Kurses empfehlen sich auf jeden Fall (Seite 117).

▸ Altern ist keine Krankheit

Hunde – auch Hunde der großen Rassen – werden erfreulicherweise immer älter. Der Ururopa meiner Hovawarthündin Nessy wurde über 17 Jahre alt. Ich kenne viele Hovawarte, die 13 und 14 Jahre alt sind.

Das Alter Ihres Hundes ist nichts, vor dem Sie sich fürchten müssen, es ist ein ganz zauberhafter gemeinsamer Lebensabschnitt. Gemütlicher geht es zu, und Sie können vieles lockerer angehen, müssen es auch, denn Hunde kön-

Alte Liebe rostet nicht – das Alter kann einer der schönsten gemeinsamen Lebensabschnitte mit Ihrem Hund werden.

nen einen beeindruckenden Altersstarrsinn entwickeln. Zauberhaft an diesem Abschnitt ist aber die gegenseitige Vertrautheit und das wortlose Verstehen.

Alter ist keine Krankheit, aber im Alter können verschiedene Krankheiten auftreten und einige Verschleißerscheinungen zu Beschwerden führen.

Leider erkranken unsere Hunde ebenso wie wir an Krebs, vornehmlich die älteren Tiere. Ältere Hunde zeigen häufiger als junge Hautveränderungen, Warzenbildung oder Haarausfall, verstopfte Talgdrüsen und gutartige Tumore.

Bei älteren Hündinnen kann es zu Unregelmäßigkeiten bei der Läufigkeit kommen und manchmal infolgedessen zu Gebärmutterentzündungen und Gebärmuttervereiterungen. Alte Rüden können unter Prostatavergrößerungen (auch bösartigen) leiden.

Zähne und Zahnfleisch bedürfen Ihrer erhöhten Aufmerksamkeit.

Die Linsen der treuen Hundeaugen trüben sich ein. Viele alte Hunde bekommen den Grauen Star, mit dem sie aber lange Zeit gut leben können.

Alte Hunde können anfällig für Blasen- und Nierenstörungen sein: achten Sie auf die entsprechenden Symptome. Auch Inkontinenz kann vorkommen, wie bei uns, oft helfen aber Medikamente recht gut. Alte Hunde hören manchmal schlechter oder tun so: Der beste Hörtest ist meist das Öffnen der Kühlschranktür, während Ihr Hund im Wohnzimmer ist. Sie werden staunen, wie schnell das alte Schlitzohr in der Küche steht.

Altern heißt bei Hunden und bei Menschen, dass die Anpassungsfähigkeit an Temperaturveränderungen nachlässt. Man braucht länger, um sich auf Wärme und Kälte einzustellen, das müssen Sie beachten. Das alte Herz braucht fast immer etwas Stärkung und die Aufmerksamkeit des Tierarztes.

Verschleißerscheinungen am Bewegungsapparat machen sich bemerkbar, manchmal schmerzhaft, auch dann muss der Tierarzt helfen.

Die Fellpflege ist bei langhaarigen Hunden nicht mehr so einfach und wird oft nicht mehr so lustvoll geduldet wie früher.

Wenn Sie Ihrem Hund im Alter einfach der Freund und fürsorgliche Leithund bleiben, der Sie immer für ihn waren, brauchen Sie sich nicht vor diesem Lebensabschnitt zu fürchten, sondern Sie dürfen ihn quasi als die Erntezeit einer gemeinsamen Arbeit erleben.

Zu Recht fürchten müssen Sie nur den Abschied von Ihrem Freund. Der Verlust eines Hundes ist immer eine Tragödie. Der Schmerz ist groß. Unser Recht und unsere Pflicht, im Ernstfall dafür zu sorgen, dass unser Freund friedlich in die ewigen Jagdgründe wechselt, ist für viele ein Trauma, auch wenn man vernunftgemäß weiß, dass die Entscheidung für das Einschläfern tiergerecht und wohlgetan war. Vor diesem letzten großen Schmerz kann niemand Sie bewahren. Vermeiden können Sie ihn nur, wenn Sie erst gar keinen Hund zu sich nehmen. Aber damit würden Sie eine der großartigsten Erfahrungen versäumen, die wir Menschen machen können: die Liebesgeschichte zwischen Hund und Mensch, zwischen zwei Arten, die Konkurrenten waren und Freunde wurden. Freuen Sie sich auf ein langes, schönes gemeinsames Leben mit Ihrem Hund und ehren Sie ihn, wenn er geht, dadurch, dass Sie wieder einen Hund zu sich nehmen.

Erziehung leicht gemacht

Erziehung leicht gemacht

Wozu Erziehung?

Viele Hundefreunde meinen, dass es ihr Hund vor allem gut haben soll: kein ständiges Genörgele, kein Kasernenhofdrill, kein zackiger Gehorsam. Partnerschaftlich soll die Beziehung sein. Der Hund soll seine Menschen lieben, nicht fürchten.

Das sind alles sehr sympathische Einstellungen, aber Hunde, gleich welcher Größe, sind keine »Demokraten«. Wenn Sie Ihrem Hund ein schönes Leben bieten wollen, dann versuchen Sie vor allem, ihm ein möglichst hundegerechtes Leben zu bieten!

Gruppenarbeit im Verein ist eine ganz ausgezeichnete Übung für Ihren Hund; Sie sollten die Gelegenheit nutzen.

Ihr Welpe würde sich als Nachfolger für seine in Erziehungsfragen hoch qualifizierte Frau Mama vor allem einen tollen Chef wünschen. Natürlich würde er sich keinen Chef wünschen, wie er in vergangenen Zeiten bei den Menschen häufig war: herrisch, unberechenbar, wechselhaft, Angst einflößend, schmerzhafte Strafen verteilend und gedankenlose Unterwerfung fordernd. Hunde wollen moderne, leistungsfähige Chefs: menschliche Leithunde, die klug und vorausschauend sind, mutig und vorsichtig, überlegen, aber nicht arrogant, Respekt einflößend, aber nicht Angst machend, Chefs, die einfach alles besser wissen und bei denen man gut daran tut, sich an ihnen zu orientieren.

Werden Sie das Vorbild Ihres Hundes, und er wird Sie verehren. Seien Sie der coole, überlegene Leithund, der sich seines Ranges bewusst ist, der dem Jungtier gegenüber freundlich überlegen ist. Ein Chef, der es kaum nötig hat zu imponieren. Der aber, wenn es nötig ist, schnell, konsequent und wirksam schlechtes Benehmen korrigiert. Seien Sie ein toller Chef, der seinen Hund auch »mitarbeiten« lässt. Denn auch für Hunde gilt, dass Müßiggang aller Laster Anfang ist. Ich mache Ihnen in diesem Kapitel Vorschläge, wie Sie so ein guter Chef werden können.

Früh übt sich...

Schieben Sie den Beginn von Erziehung und Ausbildung nicht auf irgendeinen späteren Zeitpunkt im Leben Ihres Hundes hinaus. Erziehung beginnt sofort, wenn Ihr Welpe bei Ihnen ist. Er ist in der Prägephase: Jetzt ist er extrem aufnahmefähig und lernwillig. Wenn Sie seinen Lernprozess nicht von Anfang an steuern und gestalten, lernt Klein-Einstein natürlich trotzdem, aber viel Unerwünschtes, das Sie ihm dann später wieder mühsam abgewöhnen müssen. Noch ist es einfach, sein Verhalten in die Richtung zu lenken, die Sie sich vorstellen.

Alle Ratschläge und Tipps im Folgenden sind für Welpen geschrieben, lassen sich aber sinngemäß natürlich auch für den erwachsenen Hund anwenden, den Sie sich ins Haus geholt haben.

So lernt Ihr Hund

Zunächst sollten Sie sich klarmachen, dass ein Hund erst einmal Ihre Sprache lernen muss. Stellen Sie sich vor, Sie wären in China und jemand würde Ihnen – zunächst nett, später zunehmend laut und ungehalten, mit drohender Haltung – einen Schwall völlig unverständlicher Vokabeln entgegenschleudern. Keine einzige Vokabel kommt Ihnen irgendwie bekannt vor. Sie sind fremd dort, zu Gast, kennen die Sitten und Gebräuche nicht. Es ist verständlich, dass Sie allmählich in Panik geraten und sich vor Angst möglicherweise noch unangemessener verhalten. Erst wenn man Ihnen mit Gesten deutlich macht, dass Sie doch bitte das Restaurant verlassen sollen, weil heute wohl Ruhetag ist, folgen Sie erleichtert und erlöst den Wünschen des Personals.

Das Ziel der Erziehung

Im Prinzip ist das Ziel jeder Erziehung Ihres Hundes, dass Sie beide ein gutes **Team** werden. Ein Team, in dem sich jeder auf den anderen verlassen kann, so wie sich das eben gehört.

Im Prinzip sollte es für Ihren Hund **nichts Wichtigeres** geben als Sie, seinen Leithund und Lieblingsmenschen.

Im Prinzip können Sie sich, falls Ihr Hund mal abgelenkt sein sollte, stets für ihn so **interessant machen**, dass er alles liegen und stehen lässt, um zu Ihnen zu kommen.

Im Prinzip ist jegliche Lernarbeit **Beziehungsarbeit**. Dabei ist es egal, ob Ihr Schulfach »Sitz« heißt oder etwas weniger lebenspraktisch »Gib Küsschen!«. Sind Sie ein guter Lehrer, wird Ihre Beziehung zueinander vertieft und gefestigt. Sind Sie schlecht, verlieren Sie die Anerkennung und die Zuneigung Ihres Hundes.

Denken Sie bitte an das Beispiel, wenn Sie einem jungen Hund etwas verdeutlichen wollen. Langwierige Erklärungen kann er nicht verstehen; entweder sie machen ihn unsicher oder aber er ignoriert sie. Also bitte nicht umständlich erklären. Ihr Hund hört nur: »Setzdichdochendlichhinwennich sitzsagearkoeskanndochnichtsoschwerseinsetztdudichjetztendlich!?«

Sagen Sie das Wort oder – wie die Hundetrainer sagen – das Hörzeichen in dem Moment, in dem der Kleine eine erwünschte Handlung macht, und loben Sie ihn. Setzt er sich, dann sagen Sie: »Siiiitz! So ist es brav!« und loben Ihren Welpen gleich auch körperlich.

Das Lernen Ihres Welpen funktioniert nach einem einfachen Prinzip: Er ordnet die Erfahrungen, die er macht, in die Schubladen »tut mir gut« oder »tut mir nicht gut« ein. Sorgen Sie deshalb dafür, dass erwünschtes Verhalten immer »belohnt« wird. Setzt der Welpe sich auf Ihren Wunsch, dann zeigen Sie ihm deutlich Ihre Zufriedenheit. Nicht nur schnell mal »braver Hund« vor sich hin murmeln. Wenn Ihr Welpe etwas recht macht, dann wird er mit hoher, begeisterter Stimme bestätigt, dann können Sie ein bisschen mit ihm spielen, Sie können ihn auch ab und zu mit winzigen Futterbröckchen belohnen.

Die Belohnung mit Futter ist sehr effektiv, aber es sollten ganz kleine »Brösel« sein. Belohnen sollte nicht in eine Mahlzeit ausarten und außerdem sollten die Belohnungsstückchen natürlich in die tägliche Futterration mit eingerechnet werden.

Wichtig ist jedenfalls, dass Ihr Welpe es merkt, wenn er etwas richtig gemacht hat.

TIPP

Richtig bestätigen und richtig korrigieren ist das Geheimnis jeder erfolgreichen Hundeerziehung. Ganz wichtig dabei ist der richtige Zeitpunkt der Bestätigung bzw. der Korrektur. Beides, so sagen Hundeforscher, muss unmittelbar nach der Handlung erfolgen, spätestens innerhalb von drei Sekunden.

(Fast) jeder weiß inzwischen, dass es nichts bringt, wenn man einen Hund ausschimpft, wenn er in unserer Abwesenheit zum Beispiel den Napfkuchen für den Nachmittagskaffee gefressen hat. Der Hund bezieht den Tadel nicht auf die Schandtat, sondern darauf, dass Sie gerade heimkommen. Er »denkt«: »Aufpassen, wenn das Alttier heimkommt, gibt es Ärger.« Er ist verunsichert, weil er sich nicht vorstellen kann, weswegen er eigentlich getadelt wurde. Er wird künftig ausweichen, wenn Sie heimkommen.

GUT VERKNÜPFT HÄLT EWIG ▶ Klappt das Timimg, dann verknüpft Ihr Welpe ein bestimmtes Verhalten mit einer bestimmten positiven oder negativen Konsequenz. Verknüpfen nennen Kynologen dies, um zu verdeutlichen, dass ein solcher Lernprozess fest verankert ist.

Verknüpfen findet auch immer dann statt, wenn Sie Ihrem Welpen ein Wort zur Tat beibringen, also all die Hörzeichen, die ein Hund kennen sollte: Sitz, Platz, Fuß usw. Hat diese Verknüpfung richtig stattgefunden, hält sie ein Hundeleben lang. Trotzdem werden Sie die Hörzeichen regelmäßig üben, damit der Hund sie nicht »vergisst«.

FALSCHES LOB VERMEIDEN ▶ Achten Sie beim Loben Ihres Welpen auch immer darauf, dass Sie nicht »falsch« loben. Sie können dadurch geradezu ein Verhalten trainieren, das Sie eigentlich abgewöhnen oder verhindern wollten.

Ein häufiges Beispiel ist, dass Hundeanfänger ihrem Welpen die Angst vor anderen Hunden geradezu beibringen. Wie das geht? Einfach durch falsches Loben/Bestätigen, und zwar so: Ihr Welpe trifft einige andere, vielleicht erwachsene Hunde, die sehr selbstbewusst, aber freundlich auf ihn zugehen. Vielleicht ist Ihr Welpe jetzt beeindruckt, er sucht ihre Nähe, schmiegt sich an Sie. Natürlich wollen Sie jetzt Ihren Kleinen trösten, Sie nehmen ihn eventuell auf den Arm und sagen: »Keine Angst, Putzilein, das sind gaaaanz liebe Hundchen!« Das ist womöglich der Start in eine Karriere als Angstbeißer oder Angreifer. Warum? Weil der Welpe für sein ängstliches Verhalten belohnt wurde. Sie haben ihn nicht getröstet, sondern Sie haben sein ängstliches Verhalten bestätigt. Machen Sie das öfter, lernt der Hund, dass Angst die richtige Reaktion ist, wenn sich andere Vierbeiner nähern. Sie trainieren ihn auf problematisches Sozialverhalten.

Ängstliches Verhalten dürfen Sie also nie bestätigen oder durch Ihr verständliches Bedürfnis zum Trösten belohnen. Wenn Ihr Welpe beim Autofahren wimmert, wenn er jammernd versucht, sich einer tierärztlichen Inspektion zu entziehen, dann »trösten« Sie ihn nicht! Zeigen Sie Ihre Verwunderung oder Ihr Befremden oder ignorieren Sie sein Verhalten, sonst haben Sie ein Hundeleben lang Ärger im Auto und beim Tierarzt.

Überlegen Sie also genau, was Sie tun – besonders dann, wenn es um möglicherweise falsches Loben geht. Murmeln Sie keine tröstenden beschwörenden Worte auf Ihren Welpen ein, wenn er vor einem Gegenstand oder einem ungewohnten Bodenbelag ängstlich reagiert. Zeigen Sie Ihrem Welpen, dass es absolut lächerlich ist, eine Gittertreppe nicht zu betreten – Sie, das absolute Vorbild Ihres Hasenfußes machen das schließlich auch! Ihr Welpe folgt Ihnen, wenn er Ihnen vertraut, auch über Gitterroste und auch an das Reiterdenkmal von Kaiser Wilhelm, das am Marktplatz so Furcht erregend aufragt. Eine für den Welpen bedrohliche Situation »richtig auflösen«, sagen die Hundeausbilder dazu. Also nicht Angst bestätigen, sondern ignorieren und zeigen, dass das Angst auslösende Objekt harmlos ist. Nehmen Sie sich Zeit, verschieben Sie die Auflösung dieser Angst machenden Situation nicht auf später, sonst haben Sie damit später nämlich entschieden mehr Arbeit.

So sieht ein Hund aus, der droht. Erziehen Sie Ihren Hund so, dass von ihm keine Gefahr für Menschen und Tiere ausgeht.

Richtig korrigieren

Vielleicht stellen Sie sich jetzt vor, dass es bei einem Welpen wichtiger ist, Dinge zu verbieten als zu loben. Das stimmt aber nur bedingt. Aber für das Korrigieren gilt ganz genau das Gleiche wie für das Bestätigen: Der Zeitpunkt muss absolut richtig sein, also nur dann korrigieren, wenn die Schandtat passiert. Alle Untaten, die nicht in flagranti geahndet werden, sind verjährt. Es macht keinen Sinn, später zu »strafen«, weil der Hund die Strafe nicht mehr mit der Untat verbinden kann.

Zwei Formen der Korrektur müssen wir unterscheiden. Einmal die Fehler, die ein Hund zum Beispiel beim Lernen einer Übung macht. Hier korrigieren wir vorsichtig und sanft. Schließlich kann man nur lernen, wenn man nicht durch Angst abgelenkt wird. Im Folgenden sprechen wir aber von solchen Korrekturen – manche nennen es »Tabus setzen« –, die wir bei Verhalten einsetzen, das wir nicht wünschen oder das für unseren Welpen gefährlich ist.

Auch hier muss man lernen, richtig zu korrigieren. Am wirkungsvollsten erfolgt eine Korrektur immer dann, wenn der Welpe nicht merkt, dass Sie korrigieren, sondern die Strafe praktisch vom Himmel fällt. Ihrer Fantasie beim Austüfteln solcher »Abschreckungsmaßnahmen« sind keine Grenzen gesetzt, wenn es darum geht, wie Sie Ihrem kleinen Piranha etwas vermiesen: zum Beispiel Tapeten nagen, Stuhlbeine knabbern, Schuhe zerlegen, Gummibaum fällen, Sofakissen aufschlitzen, Zeugnishefte einer gesamten Schulklasse häckseln, Kaffeetafel abräumen, die gesamte Post eines Tages schreddern (bevor sie jemand gelesen hat), Rehbraten entsorgen usw.

Versuchen Sie also möglichst viele Schandtaten von der »Umwelt« (Geräusche, Gerüche, Wasser usw.) bestrafen zu lassen. Wenn Ihr Welpe dann zu Ihnen rennt, zeigen Sie sich neutral, vielleicht befremdet, aber trösten Sie ihn nicht – Sie wissen schon, sonst lernt er wieder etwas Falsches!

Nein! Lass das!

Manche Dinge müssen Sie aber schon persönlich und deutlich korrigieren. Ihr Ziel sollte sein, dass Ihr Welpe lernt, wenn das Hörzeichen »Nein!« kommt, lasse ich besser ganz schnell von meinem Vorhaben ab.

Schauen wir, wie Hundeeltern Ihren Nachwuchs korrigieren, dann haben wir schon alles, was wir brauchen.

Erst mal gibt es wie beim Fußball die gelbe Karte: ein dumpfes Grollen warnt den Sprössling. Meist genügt das schon, und nur die ganz Frechen brauchen etwas mehr Nachdruck. Unser »dumpfes Grollen« ist ein drohendes »NEIN«.

Reagiert unser kleiner Freund nicht, machen wir wirklich kurzen Prozess: Wir packen ihn am Nackenfell, heben ihn hoch und starren ihm wütend in die Augen: »NEIN!«.

Nackenschütteln

Das immer noch oft empfohlene Nackenschütteln ist tierquälerisch, denn es ist eine Handlung, mit der Hunde bzw. Wölfe die Beute tot schütteln. Kein Alttier setzt einen Welpen so einer Todesangst aus. Sie sollten das auch nicht tun, auch wenn ein selbst ernannter Hundetrainer es Ihnen noch so sehr empfiehlt.

Also packen Sie ihn dort, wo Frau Mama ihn schon am Wickel hatte, und zeigen Sie Ihren Unwillen. Ganz renitente Burschen kann man – zumindest solange sie Welpen sind – auch mal schnell in die Rückenlage bringen. Wieder wird der Frechdachs von uns dominantem Alttier angestarrt. Wenn er wegschaut und damit seinen niedrigeren Rang anerkennt, ist er entlassen.

Der Wurf in die Rückenlage ist ein sehr dominantes Korrigieren. Sie sollten das äußerst sparsam einsetzen, sonst entwerten Sie es und Ihr Welpe wird sich schon mal hinwerfen und hoffen, dass die Show damit schneller vorübergeht. Also seien Sie damit vorsichtig: Bei meiner Nessy habe ich den Rückenwurf noch nie gemacht, und jetzt ist sie drei Jahre alt.

Auch der Griff über die Schnauze wird in der modernen Literatur als artgerechte Dominanzgeste empfohlen. Diese Geste ist bei Hunden abgeschaut: dominante Tiere nehmen die Schnauze untergeordneter Rudelmitglieder öfter in den eigenen Fang. Jungtiere provozieren diese Geste manchmal geradezu, indem sie ihre Schnauze in den Fang der dominanteren Tiere bohren. Diese Geste ist nicht eigentlich eine Strafaktion, sondern eher ein gelegentlicher Hinweis auf die Rangfolge. Wir können uns das zunutze machen, indem wir uns ähnlich verhalten. Unsere Hand wird dabei stellvertretend zum Fang des dominanten Alttieres. Wir schließen sie über der Schnauze unseres Welpen und er bekommt so hoffentlich noch einmal unterstrichen, wer das Sagen hat.

Die Golden-Retriever-Hündin zeigt es uns: so macht man den »Über-die-Schnauze-Griff« als Ranghöherer. Sie können natürlich Ihre Hand benutzen!

Wie und wofür auch immer Sie bestraft oder korrigiert haben: Bleiben Sie dabei bitte cool. Danach ist die Angelegenheit für Sie sofort erledigt und Sie gehen zur Tagesordnung über. Auch das können wir von Hunden lernen. Gekreische, Getue, nachtragend sein, beleidigt sein und ewiges Genörgel sind in Hundekreisen (und auch in menschlichen Wirtschaftsunternehmen) nicht erwünscht: das sind Zeichen mangelnder Führungsqualifikation und ist außerdem unproduktiv.

▸ (Rang-)Ordnung muss sein

Sie sind vielleicht kein Führungstyp, aber zu Ihrer Leitungsaufgabe sollten Sie schon stehen.

In diesem Kapitel erhalten Sie viele Ratschläge dazu, wie Sie Ihren höheren Rang auch im normalen Alltag ganz nebenbei, aber wirksam demonstrieren können. Alle Hunde achten nämlich mindestens so streng auf Etikette wie die strenge Tante, die jeder von uns kennt.

Wenn Sie in folgenden Situationen Ihren Rang richtig demonstrieren, lernt Ihr Hund, dass er Respekt zeigen muss. Beim Welpen sollten Sie stets auf Gehorsam und Respekt bestehen, auch wenn er noch so klein, so süß und so unschuldig ist. Ihr Welpe ist nämlich ein scharfsinniger und brillanter Beobachter. Wenn er zum Beispiel erst *nach* Ihnen futtern darf, ist das für ihn die normalste Sache der Welt. Füttern Sie ihn – nett und fürsorglich wie Sie sind –, bevor Sie selbst essen, wird er Ihnen das vielleicht als Führungsschwäche auslegen, weil Sie nicht auf Ihrem Recht bestehen. Er würde an Ihrer Stelle auf jeden Fall zuerst fressen.

Also versuchen Sie, im Hunde-Sinne Boss zu sein, und Sie haben es gerade mit einem später recht dominanten Hund deutlich leichter. Und dominantes Verhalten ist nicht nur bei großen Hunden ein Ärgernis.

▸ Das erwartet Ihr Welpe

Essen: Sie essen stets zuerst, falls Sie den Welpen zu Ihren Essenszeiten füttern wollen. Er wartet, bis der »Leithund« satt ist, dann bekommt er die »Reste«. Selbstverständlich geben Sie ihm nicht die Reste Ihrer Mahlzeit, sondern sein Futter. Für Ihren Welpen ist das der eigentlich normale Vorgang. Jede Mahlzeit zeigt ihm also wieder, wo sein Platz in der Rangordnung des Rudels ist. Nutzen Sie diese Lernmöglichkeit.

Nehmen Sie Ihrem Welpen ruhig ab und zu kurz seine Futterschüssel oder seinen Büffelhautknochen weg. Wenn er das respektvoll duldet, bekommt er Futter oder Knochen gleich wieder. Wenn nicht, bekommt er Ärger. Aber lassen Sie diese Übung nie Ihre Kinder machen. Das ist kein Spiel, sondern eine Rangdemonstration – und die machen Sie und sonst niemand.

Platz da: Wenn Sie kommen, muss Ihr Hund den Weg freimachen, auch wenn der Flur, auf dem er es sich gerade gemütlich gemacht hat, Platz für beide bietet, oder auch dann, wenn Sie sportlich genug wären, um über ihn weg zu hüpfen.

Spazieren gehen: Sie bestimmen, wohin der Spaziergang führt. Zeigen Sie auch hier Ihrem Hund Ihren Rang:

Gruppenarbeit diesmal mit Menschen, die der Hund friedlich passieren soll – auch diese nützlichen Trainingsmöglichkeiten bieten Vereine und Hundeschulen.

geht er bei der Wegkreuzung links, biegen Sie rechts ab. Sie können zwar auch mal ihm folgen, sollten aber meist deutlich machen, dass Sie über Art und Zeitpunkt des Richtungswechsels entscheiden.

Türen: Sie gehen stets zuerst durch Türen jeder Art (Haus, Gaststätte, Geschäft, Garten usw.). Neben der Rangdemonstration hat diese Gewohnheit auch den angenehmen Nebeneffekt, dass Sie nicht zu denjenigen Hundebesitzern gehören, die hinter ihrem Hund in eine Gaststätte stolpern und Anlass für die Belustigung der Anwesenden sind. Und aus der Haustür auf die Straße rennt ein so erzogener Hund natürlich auch nicht.

Spielen: Sie bestimmen den Beginn und vor allem auch das Ende des Spiels. Auch wenn Ihr Welpe noch so goldige Spielaufforderungen macht – verkneifen Sie Ihre Lust, ihm zu folgen. Zeigen Sie sich etwas blasiert oder gelangweilt und beginnen Sie selbst daraufhin zwei, drei Minuten später das Spiel. Er lernt, dass Sie der Boss sind, und freut sich trotzdem und vielleicht noch mehr darüber, dass Sie mit ihm spielen.

Spielzeug hergeben: Wenn Sie es wünschen, muss Ihr kleiner Freund stets sein Spielzeug rausrücken – ohne Wenn und Aber. Sie können ihm seinen Ball, nachdem Sie ihn begutachtet haben, immer wieder zurückgeben – schließlich sind Sie ja kein Unhund.

Gehorsamsübungen: Sie können im und während des Spiels ohnehin immer wieder kleine Gehorsamsübungen einbauen. Dabei lernt Ihr Hund, dass er auch bei höchster Aktivität und Lust, auf Sie und Ihre Wünsche achten soll.

Manipulationen ertragen: Ihr Welpe und später Ihr erwachsener Hund soll es dulden, dass Sie ihn überall anfassen, dass Sie ihm ins Maul schauen und fassen, dass Sie aus seinem Fell und seiner Haut Fremdkörper oder auch Parasiten entfernen. Er soll auch dulden, dass Sie ihn auf die Seite legen und seinen Bauch anschauen. Das ist zum einen eine sehr gute Dominanzdemonstration, das ist aber auch eine wichtige Lektion für Ihr ganzes gemeinsames Leben. Stellen Sie sich vor, Sie kämpfen mit einem erwachsenen Hovawart darum, ihm eine Klette aus dem Vorderlauf ziehen zu dürfen!

Schmusen: Die meisten Hunde haben ein großes Zärtlichkeitsbedürfnis. Sie schmusen fast alle furchtbar gerne. Auch hier gilt: Sie sollten in den meisten Fällen (falls Sie das fertig bringen) Ihren Hund erst einmal ignorieren, d.h. eine kleine Wartezeit einhalten. Denn der Leithund verteilt seine Zärtlichkeiten so herablassend und hoheitsvoll, wie manche Chefs früher die Weihnachtsgratifikation.

Schnauzengriff: Der Schnauzengriff, über den wir schon gesprochen haben, ist ebenfalls eine gute Demonstration Ihres Rangs, die Sie öfter einsetzen können.

▶ Hör- und Sichtzeichen

Eben habe ich Ihnen einige Beispiele dafür gegeben, wie Sie mit Ihrem Verhalten Ihrem Hund etwas zeigen können. Sie sollten ihn aber natürlich auch direkt beeinflussen, wenn Sie zum Beispiel wollen, dass er irgendetwas tut oder unterlässt. Die Hundeausbilder sprechen heute nicht mehr von Befehlen, Kommandos oder anderen Begriffen aus dem Militärischen. Sie sprechen von Zeichen, die man seinem Hund gibt. Sie können sich mit Ihrem Hund

Gegenwärtig wird Leinenzwang immer verbreiteter. Üben Sie mit Ihrem Hund, dass er sich an der Leine gesittet benimmt.

Grundsätzlich sollten Sie Ihren Welpen so wenig wie möglich an der Leine führen. Sobald Sie es also gefahrlos tun können, geben Sie ihn frei. Er wird im eigenen Interesse bei Ihnen bleiben. Erst im Flegelalter beginnen die meisten damit, sich weiter zu entfernen. Fahren Sie also lieber ein Stück raus, als dass Sie Ihren Welpen lange an die Leine legen.

Gewöhnen Sie Ihren Hund von Anfang an daran, dass er stets links von Ihnen geht. Nehmen Sie die Schlaufe der Leine in die rechte Hand, so dass die Leine vor Ihrem Bauch zum links gehenden Hund führt. Die linke Hand brauchen Sie zum Korrigieren und zum Loben.

Damit Sie Ihre Wünsche schnell und deutlich klarmachen können, sollte die Leine zum Üben auch nicht allzu lang sein. Es ist zwar gut, wenn Sie auch noch eine längere Leine haben, aber zum Üben ist sie eher hinderlich.

Die Auszugsleinen mit automatischem Abroll- und Aufrollmechanismus sollten Sie sich vorerst gar nicht erst zulegen. Später einmal, wenn Ihr Hund aufs Wort hört, ist so eine Leine mal ganz praktisch, wenn man ärztlich oder behördlich verordneten Leinenzwang in Städten und Parks angenehmer machen will. Für den Welpen ist diese Leine aber ein Trainingsgerät für das Leinenzerren. Der Welpe lernt: »Wenn ich an der Leine ziehe, bekomme ich mehr Freiraum!«

Auch beim Üben der Leinenführigkeit gilt: sobald der Hund angeleint ist,

TIPP

Die Leine soll für Ihren Hund keine Fessel sein und nichts, vor dem er Angst hat. Die Leine ist im Idealfall für Ihren Hund das Symbol für gemeinsames Arbeiten, sie ist Ihr verlängerter »Zeigefinger«.

sollte es nichts anderes geben, was ihn aus seiner Neutralität locken könnte.

Diejenigen, die in der Schule gut in Physik waren, erinnern sich vielleicht an einen wichtigen Lehrsatz: »Druck erzeugt Gegendruck!« Machen Sie sich dies stets klar, wenn Sie Ihren Hund anleinen. Wenn er zieht und Sie dagegenziehen, wird Ihr Hund, obwohl er nie Physik hatte, sofort dagegenziehen. Locken Sie ihn also mit Futter oder Spielzeug in die korrekte »Fuß«-Position und loben: »Fuß! So ist es brav!«

Für jeden unternehmungslustigen Welpen ist das natürlich eine ausgesprochen langweilige, anstrengende Übung. Denn sobald die Leine nicht mehr locker zwischen Mensch und Hund hängt, muss der Kleine korrigiert werden. Sie sollten also die Leinenarbeit schon deshalb nur ganz kurze Strecken üben.

▸ Freifolge

Die bei Hundeleuten so genannte »Freifolge« bedeutet nichts anderes, als dass Ihr Hund all das ohne Leine macht, was ich im letzten Absatz beschrieben habe. Fangen Sie aber nicht zu bald an, mit dem abgeleinten Hund zu arbeiten. Wenn er frei ist, haben Sie größere Probleme auf ihn einzuwirken, wenn er Ihr »Fuß« nicht befolgt.

Sie merken es, wann Ihr Hund für diese weiterführende Übung bereit ist: Freifolge können Sie dann mit ihm anfangen, wenn er an der Leine willig, freudig und konzentriert jeder Ihrer Bewegungen folgt.

▸ Begleithundeprüfung

Die Begleithundeprüfung ist das, was Sie in der Presse vielleicht schon mal als eine Art Hundeführerschein bezeichnet finden. Ablegen kann man diese Prüfung, wenn der Hund ein Jahr alt ist, bei einem Hundesportverein, der Mitglied im VDH ist. Geprüft werden dabei all die Fertigkeiten, über die wir gerade gesprochen haben: Leinenführigkeit, Freifolge, Sitz und Platz, Heranrufen und Abliegen. Außerdem muss man in einem zweiten Teil beweisen, dass der Hund sich im Straßenverkehr und unter Menschen anständig benimmt.

Wenn Sie diese Prüfung ablegen wollen, bereiten Sie sich am besten im Verein darauf vor.

»Fuß!« Wenn Ihr Hund mit und ohne Leine zuverlässig bei Fuß geht, haben Sie auch viel für ein besseres Auskommen aller in unserer immer enger werdenden Umwelt getan.

Belohnung muss ganz unbedingt sein – Spiel als Belohnung für aufmerksame Mitarbeit ist kalorienfrei und macht Spaß.

▸ Richtig spielen

Sie denken jetzt vielleicht, dass es ein bisschen albern ist, in einem Erziehungskapitel über das Spielen zu schreiben. Ist es aber nicht, denn fast jede so genannte Arbeit ist für Ihren Hund Spiel. Sie haben vielleicht schon mal einen Film über die Ausbildung von Spürhunden oder von Rettungshunden gesehen. Alles wird über Spiel gelernt, die Arbeitsfreude wird über das Spiel erhalten und das Spiel ist eine der schönsten Belohnungen, die es für Ihren Hund gibt.

Wenn Ihr Hund gerne spielt, haben Sie einen klugen Hund. Wenn Sie richtig mit ihm spielen, haben Sie einen glücklichen Hund, haben wieder ein Stück Ihre gute Beziehung vertieft und haben es viel leichter, etwas von ihm zu verlangen, was er vielleicht nicht ganz so gerne macht.

> **TIPP**
> *Machen Sie keine Zerrspiele mit dem Welpen und seien Sie im ersten Jahr damit auch äußerst vorsichtig. Zunächst wegen der Milchzähne und dann wegen der richtigen Zähne, bis diese fest verankert sind.*

▸ Schmusen

Hunde genießen Ihre Zuwendung und werden Ihnen je nach Temperament nachdrücklich klarmachen, wo sie ihre Lieblings-Schmusestellen haben und was ihre Lieblings-Schmusetechniken sind.

Lernen Sie ruhig, wie man mit seinem Hund richtig schmust: Sie tun damit etwas für Ihre Gesundheit. Beim Hundestreicheln sinkt Ihr Blutdruck und Ihre Psyche stabilisiert sich. Amerikanische Wissenschaftler haben das in umfangreichen Untersuchungen nachgewiesen. Aber das wussten ohnehin schon alle, die mal einen Hund hatten, und Sie werden es hoffentlich mit Ihrem Hund auch erleben.

Freizeitpartner Hund

Freizeitpartner Hund

▸ Der Hund an Ihrer Seite

Hunde wollen überall dahin mit, wo ihre Menschen hingehen. Das sollten sie auch – wo immer das möglich ist. In der Fußgängerzone oder in der Bank, im Bistro oder im Buchladen, bei der Demonstration gegen was weiß ich und beim Platzkonzert.

Auffallen sollten Sie dabei nur, weil Ihr Hund unterwegs so nett ist. Damit dies klappt, gewöhnen Sie Ihren kleinen Hund von Anfang an daran, Sie überall hin zu begleiten. Der Welpe und Junghund sieht das als selbstverständlich an und wird als erwachsener Hund ein angenehmer und unauffälliger Begleiter sein.

Genauso wichtig wie das Training, brav alleine zu bleiben, ist also das Training, brav überall mitzugehen.

▸ Der Öko-Hund

Glaubt man der Presse, vor allem den Artikeln, die im jährlichen Sommerloch veröffentlicht werden, dann besteht das Hauptproblem moderner Hundehaltung darin, dass überall tonnenweise hochgefährliche Hundehaufen vor sich hinstinken. Die deutschen Hundehaufen scheinen die gefährlichsten in Europa zu sein, denn nur bei uns widmet man dem Problem so viel Raum in den Medien, dass jeder Politiker und jeder Popstar wegen dieses Medieninteresses gelb vor Neid sein müsste.

Vieles, aber halt nicht alles, ist reine Hysterie. Seien Sie also vorbildlich: auf abgeernteten Feldern, auf winterlichen Wiesen, im Wald und auf der Heide »darf« Ihr Hund. Ansonsten räumen Sie sein Geschäft einfach weg. Es gibt im Handel eine Vielfalt von Entsorgungssets. Ein stabiler Gefrierbeutel tut es ebenso: Sie ziehen ihn sich wie einen Handschuh über, packen das Produkt und ziehen den Beutel wie einen Kissenbezug darüber. Die Frage ist dann nur: Wie lange dauert es bis zum nächsten Mülleimer?

Viele Hundeneulinge möchten nicht, dass ihr Hund sich im eigenen Garten löst. Man kann das seinem Welpen schnell und gründlich abgewöhnen. Aber bedenken Sie dabei die Konsequenzen. Ihr Garten bleibt zwar »stubenrein«, aber Sie müssen zu jeder erdenklichen Zeit raus, wenn Ihr Freund »muss« – und Hunde sind auch nur Menschen und da geht es nicht immer nach Zeitplan. Wenn Sie mal Kopfschmerzen haben oder es ganz scheußlich stürmt und schneit oder Ihr Hund sich eine Magen-Darm-

Infektion zugezogen hat – ein Hundeklo im Garten ist absolut zu empfehlen und Sie sind darüber hinaus fein raus: einen Großteil dessen, was andere in der Landschaft hinterlassen, entsorgen Sie bei sich zu Hause.

Der vorbildliche Rüde ärgert seine menschlichen Nachbarn auch nicht durch Beinheben an Zäunen, Hausecken, Ladentüren und Ähnlichem. Es ist keine Unterdrückung hundlicher Männlichkeit, wenn man seinem Rüden nicht gestattet, innerhalb der Bebauung das Bein zu heben. Ihr Hund akzeptiert das ganz selbstverständlich, wenn Sie es von ihm verlangen.

▶ Nicht nur spazieren gehen

Vielleicht möchten Sie vor allem einen Hund, damit Sie regelmäßig und ausgiebig an der frischen Luft sind. Dabei hilft Ihnen Ihr vierbeiniger Begleiter gerne.

Vielleicht stellen Sie sich vor, dass Ihr Bodyguard und Sie gemeinsam herrliche Spaziergänge in der Natur machen: Ihr Hund tollt fröhlich durch die Landschaft. Sie schreiten einher, freuen sich an dem steten Werden und Vergehen und überlegen sich vielleicht, was Sie nachher einkaufen.

Falls Sie so ähnliche Vorstellungen haben sollten, vergessen Sie es gleich wieder. Spaziergang ist ohnehin ein Wort, das im Zusammenhang mit einem normal veranlagten Hund völlig unpassend ist. Wenn Sie nämlich denken, Sie geben Ihrem Freund die Freiheit zum Tollen und gehen praktisch nur nebenher, denkt Ihr Hund, dass er machen kann, was er will – und dann macht er, was er will.

Jeder Spaziergang mit Ihrem (jungen) Hund ist Beziehungsarbeit. Das bedeutet, dass Sie auch und gerade draußen Ihrem Hund zeigen, dass Sie die Richtung angeben und dass es

Rassegerechte Beschäftigung bedeutet hier: Wasserapportierübungen sogar im Doppelpack.

absolut spannend ist, Ihnen zu folgen. Spannender und lohnender als alles andere, was draußen passieren kann.

Also spielen Sie mit Ihrem Hund, zeigen Sie ihm all die vielen interessanten Dinge in Wald und Flur, seien Sie sein Animateur und sein Lehrer. Seien Sie ruhig auch mal ein hundeähnlicher Schauspieler: verharren Sie wie ein witternder Vorstehhund und sagen Sie »Pass auf«, stürzen Sie sich auf den Apfel, den Sie dort deponiert haben, Ihr Hund wird Sie bewundern. Sagen Sie »Schau mal«, wenn Sie irgendetwas besonders Interessantes sehen; einen großen schwarzen Hirschkäfer zum Beispiel oder eine Kröte. Ihr Hund lernt, auf Sie zu achten.

Verstecken Sie das Spielzeug, das Sie natürlich immer dabeihaben, und lassen Sie ihn suchen. Verstecken Sie sich selbst, wenn Ihr Hund mal nicht auf Sie achtet. Machen Sie kleine Gehorsamsübungen. Gestalten Sie jeden Spaziergang zu einem Erlebnis.

So haben Sie sich das vielleicht nicht vorgestellt, aber nur so lernt Ihr Hund,

TIPP

Auch wenn es vielleicht praktisch wäre: gehen Sie nicht ständig im gleichen Revier spazieren. Erstens macht das Ihren Hund doof, denn er kennt dann bald wirklich jeden Grashalm, und zweitens macht das Ihren Hund dominant. Vor allem Ihr Rüde wird dann sehr schnell Ihr Spaziergangsrevier so behandeln wie Ihren Garten: als sein Revier, in dem er der Boss ist. Könnte sein, dass Sie dann Probleme damit bekommen, dass er anderen Hunden diesen Eindruck auch vermitteln möchte.

dass der Spaziergang nicht dazu dient, dass er streunen oder gar wildern geht. Und dadurch lernt Ihr Hund ein weiteres Mal, dass Sie sein absoluter Superhund sind.

Achten Sie auch immer darauf, dass Sie beide dahin gehen, wo Sie möchten, und nicht dahin, wo Ihr Hund will.

▶ Hundetreffs

Überall rotten sich Hundefreunde zusammen und treffen sich zu bestimmten Tageszeiten in bestimmten Revieren, gemeinsam geht es dann durchs Gelände. Das ist wirklich ausgezeichnet. Ihr Einzelhund findet dort hundliche Gesellschaft, und im gemeinsamen Spiel kann er sich wunderbar ausarbeiten. Außerdem sind solche unorganisierten Treffs meist auch prima Informationsbörsen in Sachen Hund.

Wenn Sie so einen Treff entdecken, nutzen Sie ihn, es macht sicher Ihnen und Ihrem Hund Spaß. Zwei Dinge sollten Sie aber beachten:

Erstens sollten Sie nicht nur dort und nicht immer gemeinsam mit anderen spazieren gehen. Die Spaziergänge, die Sie allein mit Ihrem Hund machen, sind sehr wichtig für seine Umweltsicherheit und für Ihre Beziehung zueinander. Also sorgen Sie dafür, dass mindestens bei einem täglichen Spaziergang in weiten Teilen nur Sie beide etwas zusammen tun.

Zweitens sollten Sie ein gesundes Selbstbewusstsein gegenüber den »Hundefachleuten« entwickeln, die es auf solchen Treffs immer gibt. Solche selbst ernannten Experten vertreten gerne die Auffassung, dass Hunde alles am besten selbst untereinander klären, man solle sie einfach machen lassen und sich nicht einmischen. Die Domi-

Auch Hunde verbringen ihre Freizeit gerne mit Gleichgesinnten: suchen Sie nette Spielkameraden für Ihren Hund, mit denen er sich regelmäßig treffen kann.

nanten – meist sind das dann die eigenen Hunde – würden die anderen halt unterordnen und dann wäre alles erledigt. Hüten Sie sich vor solchem Halbwissen, das sich mit Begriffen aus der Verhaltensforschung schmückt. Spaziergangtreffs sind keine »Rudel«, sondern dort treffen sich verschiedene Rudel, nämlich die jeweiligen Menschen mit Ihren Hunden. Ob und wie jemand »untergeordnet« wird, entscheidet der Rudelchef – und das sind Sie und nicht Ihr Hund. Dulden Sie also nicht, dass ein so genannter »dominanter« Hund Ihren Spatz einfach nur so niedermacht. Das ist eine Ungezogenheit und zeigt, dass er nicht in der Hand seines Menschen steht.

Falls Ihr junger Hund sich allerdings ungehörig benommen hat, verdient er einen Rüffel des Älteren. Hunde haben ein fein abgestimmtes Verhalten. Vom Ordnungsruf des Älteren bis zum Saalverweis hat der Übeltäter jede Chance, sich wieder anständig zu benehmen.

TIP

Es gibt (fast) nichts Schöneres für Ihren Chico als das Spielen mit anderen Hunden. Aber: nicht jeder Hund ist für jeden anderen ein prima Spielpartner. Es gibt nicht unbedingt Probleme, wenn ein großer und ein kleiner Hund miteinander spielen, aber es gibt ein rassetypisches Spielverhalten. Was ein temperamentvoller Hovawart total lustig findet, jagt dem Sheltie vielleicht Angst ein. Was ein Schäferhund als kumpelhaften Knuff versteht, empfindet der Terrier vielleicht als Zumutung und packt zu. Also besser erst mal fragen, bevor man ableint.

Nicht jagen

Sie finden in manchen Rassebeschreibungen den Satz, dass diese Rasse nicht »jagt«, wenig »Jagdpassion« besitzt oder an Wild uninteressiert sei. Das mag für Sie ein Kriterium für die Auswahl der Rasse oder des Hundetyps sein, aber verlassen Sie sich nicht darauf. Jagdliche Veranlagung gehört zur natürlichen Grundausstattung jedes gesunden Hundes. Bei manchen ist sie extrem stark ausgeprägt, bei anderen eher schwach entwickelt, und nicht immer verteilt sich die Begabung so auf die Hunde, wie sich das die Züchter oder die Käufer wünschen. Ich kenne jagdunlustige Setter und jagdlüsterne Berner Sennenhunde.

Die meisten (Nichtjagd-)Hunde »jagen« einem Beutetier nur so lange nach, wie sie es sehen, und kehren dann zu Ihnen zurück. Die ganze Angelegenheit ist dann oft in einigen Minuten erledigt. Aber erstens reicht das auch, um überfahren zu werden oder von einem der letzten Feudalherren im grünen Rock exekutiert zu werden, und zum anderen sind Hundefreunde hoffentlich auch Freunde der Wildtiere.

Für alle Hunde sollte gelten, dass Jagen verboten ist, auch und vor allem für diejenigen, die ihrer Nase folgen und wie Jagdhunde auf die Suche nach Beute gehen. Für fast alle gilt im Wald also: nahe beim Boss bleiben, sonst gibt es Ärger!

Neben Häschen und Rehen gibt es aber im Revier draußen auch anderes jagdbares Wild: Reiter, Radfahrer, Jogger, Walker, Inline-Skater, Mopedfahrer, Traktoren und alles, was sich schnell bewegt. Vielleicht findet es Ihr Hund ausgesprochen lustig und anregend, sich in der Schnelligkeit mit dieser Beute zu messen. Sie müssen sich darauf einstellen, dass auch dieses Lehrfach ansteht: »Nein, mein Freund, alles keine Beute!«

Im Sinne eines fairen und friedlichen Miteinanders draußen in den immer enger werdenden Freizeitflächen empfehle ich, dass Sie lieber einmal zu oft Ihren Hund zu sich rufen, wenn Ihnen Menschen entgegenkommen. Viele Menschen fürchten sich zwar nicht vor Atomkraftwerken, Motorradfahrern, Pflanzenschutzmitteln und gentechnisch manipulierten Pflanzen, aber sie ängstigen sich zu Tode, wenn ein frei laufender Hund auf sie zukommt. Dabei ist es übrigens fast immer egal, wie groß der Hund ist. Kleine Hunde setzen sich dabei allerdings noch der Gefahr aus, geschlagen oder getreten zu werden.

Wichtige Beschäftigung

Vielleicht haben Sie ja die sympathische Auffassung, dass es Ihr Hund besser haben soll als Sie selbst. »Arbeiten«, so denken Sie vielleicht, »das hat mein Artus nicht nötig!« Aber für Artus gilt das Gleiche wie für Anton: Müßiggang ist aller Laster Anfang!

Je nach Rasse oder Typ unterscheiden sich zwar Begabungen und Vorlieben, aber fürs Faulenzen wurde keiner unserer Hunde genetisch vorgesehen.

Wenn Sie ihm also keine Aufgabe stellen, macht er sich halt notgedrungen selbst eine Art Dienstplan. Der könnte vielleicht so aussehen: Vor dem Aufstehen ein bisschen Tapetenknabbern, nach dem Frühstück die Schultasche von Kerstin leeren. Am Vormittag alles, was sich am Grundstück vorbeitraut, bellend und knurrend verjagen. Briefträger, Geldboten, Paketdienste und Erbtante Emma am Eindringen hindern. In den freien Minuten die verbleibenden Pflanzen in Frauchens Garten ausgraben oder sich in lautem Gesang üben. Beim Auslauf sofort auf hundert Meter Distanz zu den Menschen gehen, jagen, jagen, jagen, Omas erschrecken, Kinder umrennen, Nachbars Pudel apportieren und eben all die lustigen Dinge tun, die arbeitslose Hunde zum Zeitvertreib erfinden können.

Ein Hund dagegen, der eine Aufgabe hat, der lernt, immer neue Anforderungen zu bewältigen, ist ein angenehmer Begleiter, mit sich und der Welt in Einklang.

▸ Spielen

Im Unterschied zum Arbeits- und Sozialminister können Hundehalter ihr Beschäftigungsprogramm deutlich einfacher, absolut kostengünstig und mit richtigem Vergnügen gestalten.

Sie denken vielleicht: »Das ist ja nun wirklich einfach«, aber es scheint nicht so zu sein. Inzwischen gibt es Bücher und Videos, die frisch gebackenen oder frustrierten Hundehaltern erklären, wie man mit seinem Hund richtig spielt. Wenn Sie das nämlich können, schlagen Sie zwei Fliegen mit einer Klappe: erstens ist Ihr Hund ausgelastet und glücklich und zweitens gehorcht er Ihnen besser. Er »hört« besser, weil Sie und Ihr Spielangebot äußerst attraktiv für ihn sind und weil er nur dann spielen darf, wenn er Ihren Regeln folgt.

BEIM SPIELZEUG BEACHTEN ▸
Bälle immer so groß wählen, dass der Hund sie nicht schlucken kann bzw. sie beim Auffangen nicht in den Rachen gelangen können. Keine gelben Tennis-

Flyball – eine Hundesportart für ballverrückte Sportler – macht vielen Hunden großen Spaß.

bälle, denn der Farbstoff hat einen giftigen Bestandteil. Darüber hinaus halten viele Hunde Tennisbälle für »fressbar«. Die Tierärzte können ein Lied von den vielen dadurch notwendigen Operationen singen. Am besten, Sie geben Ihrem Hund ohnehin nur Hartgummibälle. Alle anderen Bälle nur unter Ihrer Aufsicht zum Spielen geben!

Schleuderbälle, Kongs u.ä. sind ganz wunderbare Spielzeuge, weil man ganz viel mit ihnen machen kann (werfen, um die Beute streiten, die Beute sich bewegen lassen). Aber achten Sie wie beim Ball darauf, dass auch der Schleuderball oder Kong so groß ist, dass er nicht in den Rachen gelangen kann. Bei der Schnur sollten Sie darauf achten, dass Sie nicht so lang ist, dass Ihr Hund beim Tragen drauftritt oder sich verheddert.

Ein Frisbee ist toll: man kann als Hund danach jagen, hetzen, packen und dann muss man es meist leider gleich wieder hergeben.

Beißwürste, Dummys, Apportel: Achten Sie auf gute Qualität, das heißt chemiefreie Produktion. Und achten Sie darauf, dass bei Zerrspielen nicht ein Hundezahn im Textil hängt.

Quietschies: Um den pädagogischen Wert dieses Spielzeugs gibt es heftigen Streit. Die einen lehnen dieses lautgebende Spielzeug ab, weil sie meinen, dass dadurch die Beißhemmung der Hunde gegenüber anderen Lebewesen heruntergesetzt wird, andere halten Quietschies für wunderbare artgerechte, weil »tongebende« Spielsachen. Wenn Sie Ihrem Hund solch ein Quietschie geben wollen, achten Sie darauf, dass Sie kein minderwertiges erwischen, bei dem Metallventile verwendet werden. Überhaupt sollten Sie metallhaltige Spielsachen nicht verwenden, die Verletzungsgefahr beim Verschlucken ist zu groß.

Alle die für unseren Geschmack absolut witzigen **Latexspielsachen** in den Zoohandlungen sind wohl eher was für uns als für den Hund. Nessys Freund, der Leonberger Ben, ist der einzige Hund, den ich kenne, der mit einem Latex-Nikolaus spielt, der – wenn er ihn in den Kopf beißt – »Jingle Bells« singt.

Frisbeescheiben: Vorsicht, die oft als Werbematerial verschenkten Scheiben bestehen aus billigem Plastik und splittern beim ersten Hundebiss. Achten Sie auf Qualität, überlassen Sie Ihrem Hund das Spielzeug nicht ohne Aufsicht und lernen Sie auch, wie Sie es hundegerecht werfen, damit Ihr Spieler sich beim Fangen nicht übel verletzt.

»Stöckchen« sind preiswert und liegen überall herum, trotzdem bergen sie so viele Gefahren, dass es besser ist, wenn Sie Ihren Hund gar nicht erst auf die »Stöckchen-Idee« bringen. Ihr Freund kann beim Zerren, Packen und Zerknautschen Splitter und Kleinteile in den Schlund bekommen und sich übel verletzen. Teile des Stöckchens können sich so unglücklich im Rachen und Hals verkanten, dass lebensgefährliche Verletzungen entstehen können. Abstehende Verzweigungen können ein Auge verletzen usw. usw. Das schlichte Stöckchen ist – wie Sie sehen – mit das gefährlichste Hundespielzeug.

Plüschtiere mit und ohne Tongeber sind ebenfalls geschätztes Hundespielzeug. Achten Sie auch hier darauf, dass Ihr Hund sich nicht verletzen kann. Manche Hunde mögen ihre Plüschtiere zum Fressen gern. Dann also alle gefährlichen Teile »amputieren« (Augen, Nase etc.) oder den Hund nur unter Aufsicht spielen lassen.

Im Kosmos-Verlag ist ein Buch erschienen, das Ihnen für drinnen und für draußen unzählige Spielideen vorschlägt. Sie können einem solchen Ratgeber folgen oder selbst Spiele für sich und Ihren Hund erfinden. Den meisten Hunden machen alle Spiele großen Spaß, die so etwas wie Trockentraining für das Beutemachen sind. Also alles, was man können muss, um ein erfolgreicher Jäger zu sein. Dazu gehört suchen – entweder mit der Nase der Spur folgen oder ein Gelände systematisch absuchen; jagen: also Beutesymbolen wie Bällen, Apportierhölzern, Dummys, Wurfringen, Schleuderbällen usw. nachsetzen; und etwas zur Strecke bringen: kämpfen, tot schütteln, beißen usw. Dabei müssen Sie ein bisschen helfen, denn richtig schütteln kann Ihr Hund ja nur, wenn Sie das Beutesymbol am anderen Ende festhalten, wenn Sie den Strick oder die Beißwurst dazu bringen, »Gegenwehr« zu leisten oder einen »Fluchtversuch« zu starten oder sich »tot zu stellen«.

Darüber hinaus gibt es jede Menge Spiele, bei denen Ihr Artist »Kunststücke« lernt und auf Wunsch ausführt. Mehr als »Gib Pfötchen!« sollte eine solche Intelligenzbestie, wie Ihr Hund es bestimmt ist, schon können.

Einige Hunde sollen zusammen mit Ihren Besitzern beeindruckende Liedervorträge gestaltet haben. Andere können rechnen oder tun zumindest so, ganz genau wie das berühmte Zirkuspferd.

Also spielen Sie, denn spielen macht nicht nur Menschen klug, wie man inzwischen weiß, sondern auch Hunde.

Für die Begleitung am Rad ist nicht jeder Hund geeignet. Wenn die Kondition Ihres Hundes das Tempo und die Dauer des Radausflugs bestimmt, dann machen Sie es richtig.

▸ Radfahren, Joggen, Reiten

Ihr Hund will Sie gerne begleiten, das sagten wir schon. Er begleitet Sie natürlich auch gerne, wenn Sie sich schneller als normal fortbewegen: nur, wie immer Sie sich fortbewegen – ob Ihr Hund Sie begleiten sollte, hängt davon ab, ob ihm das gut tut. Erst einmal sollte Ihr Welpe und Junghund ohnehin keiner solchen Dauerbelastung ausgesetzt werden. Radfahren, joggen und reiten können Sie in seiner Begleitung frühestens, nachdem sein Gebäude ausgebildet ist, je nach Rasse oder Typ zwischen ein und zwei Jahren.

Warm-up vor dem Sport

Natürlich sind unsere Hunde durchtrainierte Hochleistungssportler, wenn wir ihnen ein normales Leben bieten. Aber auch sie brauchen ein bisschen Zeit zum Aufwärmen, sonst können sie sich ähnliche Verletzungen zuziehen wie menschliche Sportler. Also nicht den Hund aus dem Auto holen und ab über den Agility-Parcours oder mit voller Kraft in die Pedale treten. Ein bisschen warmlaufen, und Sie und Ihr Hund machen es besser.

Ausflug zu dritt: er setzt in unserer engen Umwelt voraus, dass die drei ein gut eingespieltes Team sind und der Hund absolut im Gehorsam seiner Besitzerin steht.

Falls Sie jeden Tag viele Kilometer radeln wollen oder gerne lange Ausritte machen, kaufen Sie sich einen Hund einer Rasse, die sich dafür eignet.

Überlegen Sie auch, dass das Mitgehen am Rad oder das Begleiten beim Joggen für Ihren Hund nur mäßig interessant ist. Es ist zwar gesund für seine Muskeln und seine Lungen, aber wenig anregend. Ihrem Hund zuliebe sollten Sie einen Kompromiss finden zwischen Ihrer Freude an der langen Strecke und seinem Bedürfnis, die Umwelt ständig neu zu entdecken.

Am Pferd ist die Fortbewegung für den Hund sicher interessanter, weil das Tempo sich oft ändert. Am Pferd ist aber auch die Anforderung an seinen Gehorsam deutlich höher, weil Sie hier nicht so schnell auf ihn einwirken können.

Wenn Sie schon wissen, dass er Sie später im Gelände begleiten darf, dann gewöhnen Sie den Welpen früh an Pferd oder Rad, indem Sie ihm einfach den ungezwungenen Kontakt ermöglichen, ohne ihn schon an die andere Art der Fortbewegung heranzuführen. Ihr Hund soll einfach Fahrrad oder Pferd als normalen Teil seines Umfeldes akzeptieren lernen.

▶ Organisierter Hundesport

Wenn Ihr Hund über den Grundgehorsam verfügt, wie er etwa in der Begleithundeprüfung verlangt wird, können Sie mit ihm an unterschiedlichen Wettbewerben und Hundesportarten teilnehmen.

Weisen Sie das nicht gleich von sich, weil Sie vielleicht einen Hundeverein kennen, dessen Ausbildungsmethoden Sie nicht schätzen, und Ihnen ohnehin vor der Vereinsmeierei graust.

Überlegen Sie einfach, ob Sie der Typ Mensch sind, der ohne regelmäßigen Übungstreff regelmäßig übt. Überlegen Sie, ob Sie von sich aus Ihrem Hund immer neue Anforderungen stellen. Überlegen Sie, ob Ihr Hund seine Triebe und seine Fähigkeiten bei Ihnen weitgehend ausleben darf. Wenn das alles nicht so ist, dann werfen Sie noch mal einen zweiten Blick auf den Hundeverein oder suchen einfach einen anderen Verein, der es vielleicht besser und anders macht, der eher in Ihrem Sinne arbeitet.

Wenn Sie sich dann für eine der vielen Möglichkeiten der organisierten Arbeit mit dem Hund entscheiden, dann überlegen Sie immer auch, ob Sie selbst Spaß an so einer Arbeit haben. Wenn Sie die Fährtenarbeit langweilt oder Sie bei den Kraxelübungen der Rettungshunde um Ihre eigenen Knochen fürchten, dann lassen Sie diese Sparten einfach.

Ihr Hund wird sich an fast jeder Sportart freuen, die für ihn geeignet ist. Hauptsache, sie fordert seinen Grips und seine Fähigkeiten.

TURNIERHUNDSPORT ▶ Diese Sportart wurde früher Breitensport genannt und soll Mensch und Hund zu lustbetonter körperlicher Betätigung zusammenführen. Sie alle haben wahrscheinlich schon die Hindernisstrecken auf Hundeplätzen gesehen, die dabei überwunden werden müssen. Dieser Hindernislauf über Hürden, Tonnen, durch Reifen, über Laufstege und Treppen und durch Röhren ist ein Teil der Anforderungen, die bei einem Turnier gestellt werden. Neben dem Hindernislauf, bei dem nur der Hund die Hindernisse bewältigen muss, gibt es den Sprung über drei Hürden, den beide absolvieren müssen, den Slalomlauf und, je nach Anlage des Turniers, auch noch einen Geländelauf über 2000 oder 5000 Meter. Auch der Nachweis einer guten Unterordnung, wie in der Begleithundeprüfung, wird manchmal gefordert.

Ob bei einer Veranstaltung alle Sparten des Breitensports zum Tragen kommen, hängt vom Veranstalter ab. Gestartet wird in (menschlichen) Altersklassen und in (hundlichen) Größenklassen.

Gewonnen haben die Schnellsten (Fehler werden natürlich abgerechnet), die Zeit bestimmt derjenige des Mensch-Hund-Teams, der als Letzter durchs Ziel geht.

Der Vorteil dieser sportlichen Betätigung liegt auf der Hand: beide halten sich fit. Der Hund lernt körperliche und geistige Anforderungen zu bewältigen und sich auf seinen Menschen zu verlassen, der ihn sicher in die Bewältigung der Aufgaben führt. Die Zusammenarbeit stärkt die Zusammengehörigkeit und den Gehorsam des Hundes. Eine Betätigung, die Ihrem Hund ganz sicher großes Vergnügen machen wird. Ob es Ihnen Spaß macht, müssen Sie entscheiden.

Agility ist für gesunde Hunde eine wunderbare Möglichkeit, sich auszuarbeiten.

TIPP

Falls Ihr Hund mit HD behaftet ist, sollten Sie ihm Betätigungen, bei denen viel gesprungen wird, nicht anbieten.

AGILITY ▶ Dies ist eine Hundesportart, die aus England kommt. Die Hindernisse sind ähnlich wie im Breitensport: fester Tunnel, Stofftunnel, Laufsteg (deutlich höher als im Breitensport), Slalom, Tisch, Wippe, Schrägwand, Hürden, ein »Viadukt«, Reifen. Anders als beim Breitensport wird der Parcours vom Hund ohne Halsband und Leine nur durch Befolgen der Zurufe seines Menschen bewältigt. Nur die Zeit des Hundes wird gestoppt. Auch hier gibt es Größen- und Qualifikationsklassen.

Dieser Sport mit dem Hund wird immer beliebter und auf vielen Hundeausstellungen ist er ein Publikumsmagnet, ebenso wie die dort üblichen Vorführungen der Rettungshunde. Seine Vorteile sind denen des Breitensports vergleichbar.

dann ein richtiger Rettungshund ist, wird auch erwartet, dass er Dienst tut, wenn er gebraucht wird. Überlegen Sie deshalb vorher, ob Sie sich so weit engagieren wollen. Denn es ist unfair gegenüber den Trägern und den ehrenamtlichen Trainern, nur das »Sportliche« mitzunehmen und im Ernstfall dann abzuwinken.

THERAPIEHUND ▶ Aus Amerika und der Schweiz kommt eine neue Betätigung für den Hund, bei dem nicht so sehr der Hund und seine Bedürfnisse im Mittelpunkt stehen, sondern der Mensch, der mit Hilfe des Kontakts zum Hund ein Stück Lebensqualität (wieder-)gewinnen soll.

In verschiedenen Vereinen werden Hund-Menschen-Teams darauf vorbereitet, Besuche zu machen: im Altenheim, in psychiatrischen Kliniken, in Kinderkliniken und in Krankenhausstationen mit chronisch kranken Langzeitpatienten. Hunde kommen dort auf Besuch und tun eigentlich nichts anderes als da zu sein, sich streicheln zu lassen, eventuell auch kämmen zu lassen, einen Ball zu holen oder ein Leckerchen entgegenzunehmen. Die Größe ist unerheblich. Nur ganz kleine Hunde sind eher ungeeignet.

Nichts Besonderes, denken Sie? Es ist eine Menge, was dem Hund da eventuell abverlangt wird. Denken Sie an die ungewollte Ungeschicklichkeit bei Betagten, wenn sie härter zufassen als gewollt, denken Sie an Geschrei und ungewohnte Bewegungen, denken Sie überhaupt an all das Ungewohnte, dem Hunde da ausgesetzt sind. Ein starkes Nervenkostüm und ein absolut sicheres Wesen sind Voraussetzung für diese Aufgabe.

Und es ist eine Menge, was der Hund dabei leisten und bewirken kann. Ganze Bücher sind inzwischen über tiergestützte Therapie veröffentlicht

Spielkameraden – von klein auf gut geprägte Hunde dürfen ihr Leben lang diese schöne Beschäftigung haben.

Eine Meute Freunde – es ist Ihre Pflicht, Ihrem Hund artgerechten Sozialkontakt mit Seinesgleichen zu bieten, das gehört zu jedem guten Hundeleben.

worden, jährlich finden Kongresse statt.

Es ist eine schöne Aufgabe für Sie und Ihren Hund, aber auch hier gilt wie bei den Rettungshunden: Wenn Sie eine solche Aufgabe machen wollen, dann übernehmen Sie Verantwortung auch und gerade für hilfsbedürftige Menschen. Wenn Sie das nicht wollen oder nur gelegentlich etwas tun wollen, ist Therapie- oder Besuchshund keine Aufgabe für Sie und Ihren Hund. Wenn Sie meinen, dass Sie und Ihr Hund geeignet sind, ist es ebenso wichtig, dass Sie stets bedenken, dass auch das Wohl Ihres Hundes im Mittelpunkt steht, also Überforderungen, Belästigungen und Stress vermieden werden. Ihr Hund kann helfen und Herzen öffnen, aber bloßes Mittel zum therapeutischen Zweck sollte er nie werden.

▸ Mit dem Hund in den Urlaub

Manche Hundeinteressenten fragen den Züchter erst nach dem Preis für den Welpen und dann danach, ob er ihn später als Pensionsgast aufnimmt, wenn die Familie in Urlaub fährt. Wäre ich so ein Züchter, wäre meine Antwort klar: »Jemand, der seinen Hund in den schönsten Wochen des Jahres nicht an seiner Seite haben will, bekommt keinen Welpen zu keinem Preis von mir!« Ich kann verstehen, dass ein Krankenhausaufenthalt oder eine beruflich veranlasste Fortbildung Sie zwingen, Ihren Hund einmal zu verlassen. Für ihn werden das dramatische Tage, denn er hält Sie für tot und trauert entsprechend der Beziehung, die er zu Ihnen hat. Es ist ein bisschen so, als würden Sie ihn aussetzen. Wenn Sie sich einen Hund anschaffen und eine so große Familie haben, dass immer »Rudelmitglieder« bei Ihrem Hund sind, können Sie ruhig mal eine Woche nach New York oder Hongkong. Wenn nicht, sollten Sie entweder nach Kempten oder nach Celle, in die Cevennen oder in den Böhmerwald, nach Gatow oder in das Tessin. Wenn diese Reiseziele für Sie zu europäisch sind, dann sollten Sie sich besser keinen Hund anschaffen. Im Flugzeug dürfen nämlich nur sehr kleine Hunde mit ihren Menschen in der Kabine sein. Alle anderen müssen in Boxen in den Frachtraum – unakzeptabel und eigentlich nur mit Beruhigungsmitteln und ausnahmsweise vorstellbar.

Ihr Hund begleitet Sie gerne, Hauptsache er darf mit. Solange er keine altersbedingten Einschränkungen hat, kann er auch überall mit, wohin er Ihnen auf seinen vier Pfoten folgen kann. Es versteht sich von selbst, dass extreme Bergtouren oder mehrtägige Kreuzfahrten dabei ausscheiden.

Übrig bleiben jede Menge attraktiver Reiseziele. Die Unterbringung ist kein Problem, Sie müssen nur vorab klären, dass Ihr Hotel, Ihre Ferienwohnung oder Ihr Campingplatz Hunde aufnimmt und zu welchen Bedingungen. Manchmal dürfen nämlich nur kleine Hunde mit.

Ihr Tierarzt berät Sie hinsichtlich der Einreisevorschriften im europäischen Ausland. Darüber sollten Sie sich rechtzeitig kundig machen, denn bei manchen Ländern müssen schon Wochen vorher Formalitäten eingeleitet werden. Ihr Tierarzt stellt Ihnen auch eine Reiseapotheke zusammen, die auf Ihren Hund zugeschnitten ist. Er informiert Sie über die speziellen gesundheitlichen Gefahren, denen Ihr Hund in bestimmten Reiseländern ausgesetzt ist, und darüber, welche Vorsorge Sie treffen können.

Reisegepäck für den Hund

- [ ] Wasserflasche, Wassernapf
- [ ] gewohntes Futter, Futternapf
- [ ] Hundekuchen und Kauknochen
- [ ] Halsband und Leine
- [ ] Kamm, Bürste, Zeckenzange
- [ ] Impfpass und Reiseapotheke
- [ ] Schmusedecke und Plüschtier
- [ ] Spielzeug
- [ ] Handtücher und Lappen
- [ ] Plastikbeutel oder Entsorgungssets

Wie der Wolf zum Hund wurde

▸ Die Vorfahren der Hunde

Der Hund ist das älteste Haustier des Menschen. Mittlerweile weiß man sicher, dass der Hund vom Wolf abstammt, nachdem früher z.B. auch Kojoten oder Schakale als wilde Vorfahren des Hundes diskutiert wurden. Durch Untersuchungen der Erbsubstanz (Genanalysen) von Hunden, Wölfen, Kojoten und Schakalen konnte man die letzten beiden Kandidaten aber Stück für Stück als unbeteiligt an der Entstehung des heutigen Haushundes herausfiltern. »Domestikation« ist der Fachausdruck für die Entstehung einer Haustierart aus einer wilden Tierart. Wieso der Mensch begann den Wolf zu domestizieren, ist unklar. Hier gibt es viele Vermutungen, und keine konnte bislang eindeutig bewiesen werden. Einige Wissenschaftler meinen, dass der Mensch – auch schon der prähistorische – eine angeborene Veranlagung habe, Haustiere zu halten. Andere meinen, dass sich die Domestikation aufgrund von Vorteilen für beide Arten entwickelt habe: Der Wolf fand in der Nähe von Menschengruppen Nahrungsreste, Menschen nutzten den Wolf als Jagdhelfer und schließlich half man sich bei der Warnung vor und Bekämpfung von gemeinsamen Feinden. Letztendlich haben Wölfe und frühe Hunde sicherlich auch eine Nahrungsquelle für Menschen dargestellt (und tun es in einigen Kulturkreisen heute noch).

SOZIALE ROLLE ▸ Dass der domestizierte Wolf auch schnell eine soziale Rolle gespielt hat und als Partner des Menschen gesehen wurde, zeigen Grabfunde. Es gibt eine Reihe von prähistorischen Grabstätten (die älteste ist ca. 15.000 Jahre alt), in denen Menschen mit Hunden bestattet wurden. Die Art und Weise der Bestattung legt den Schluss nahe, dass hier zwischen Mensch und Hund eine enge Bindung bestanden haben muss. Nicht so ganz sicher ist man sich zur Zeit noch über den Zeitpunkt, ab wann Wolf und Mensch beschlossen, auf die eine oder andere Art zusammenzuleben. Spätestens vom Zeitpunkt der genannten Grabfunde an redet man nicht mehr vom Wolf, sondern vom Hund; wenn auch der Hund zu dieser Zeit vom Äußeren her sicher nicht mit unseren heutigen Hunden vergleichbar gewesen ist.

Canis mesomelas – der Schakal

Hundesport vertreibt Langeweile.

Auge hatte. Zwangsläufig wurde so aber auch das äußere Erscheinungsbild der »Urhunde« verändert – die verschiedenen Rassen entstanden.

ZUCHT AUF SCHÖNHEIT ▶ Die heutige Zucht nach genau definierten äußeren Rassestandards (»nach Schönheit«) gibt es erst seit etwas über 100 Jahren. 1859 hat z.B. in England die erste Rassehundeschau überhaupt stattgefunden. Dies sind kurze Zeiträume, wenn man sie mit der Zeitspanne der Domestikation an sich und der Zeitspanne der Zucht auf Funktionalität vergleicht. Von den ursprünglichen charakterlichen Attributen der einzelnen Arbeitsrassen (im Hinblick auf die Funktionalität) sind auch bei einem reinen Familien- und Begleithund heute noch einige vorhanden. Genau dies kann aber zu Problemen in einer Gesellschaft führen, die immer weniger Platz hat und immer engere Spielregeln für sich und ihre artfremden Mitglieder aufstellt.

ENTSTEHUNG VON VERHALTENSPROBLEMEN ▶ Die Unterforderung des Hundes ist ein häufiger Grund für die Entstehung von Verhaltensproblemen. Man sollte also nicht darauf vertrauen, »dass der Hund sich schon von alleine erzieht« oder dass »man ja schließlich weiß, was es mit Hundeverhalten auf sich hat«. Die Probleme der heutigen Zeit zeigen es zur Genüge: ausreichende Sachkenntnisse, um sowohl dem Hund ein artgerechtes und damit auch tierschutzgerechtes Leben zu bieten als auch die Entstehung von Verhaltensproblemen zu verhindern, sind manchmal nur spärlich vorhanden – und das ist leider all zu oft der Grund dafür, dass Menschen oder andere Tiere zu Schaden kommen oder dass ein Hund eingeschläfert werden muss.

Ich lade Sie ein, mich in den folgenden Kapiteln bei einer Verhaltensbeobachtung zu begleiten. Wir werden beim wenige Sekunden alten Welpen anfangen und ihm zusehen, wie er älter wird. Alle wichtigen Verhaltensweisen werden beschrieben und kommentiert. Langsam wird der Welpe wachsen, wird zum Beispiel anfangen Aggression zu zeigen und wird die Kommunikation unter Hunden lernen. Innerhalb der ersten acht Lebenswochen zeigen Hundewelpen ca. 80 % des kompletten späteren Verhaltensrepertoires des ausgewachsenen Hundes. Eine gute Möglichkeit also, intensiv in die verschiedenen Verhaltensmuster einzusteigen und sich anzuschauen, wofür bestimmte Verhaltensweisen beim Hund da sind.

Verhaltensentwicklung bei Welpen

Verhaltensentwicklung bei Welpen

Genetisch fixierte Verhaltensweisen

Die ersten 14 Lebenstage eines Hundewelpen werden als »neonatale Phase« bezeichnet. Die Verhaltensweisen, die das kleine Lebewesen in dieser Phase zeigt, sind anfangs mehr oder weniger genetisch fixiert – also ererbt. Damit sind wir schon bei einem interessanten Diskussionsthema in der Verhaltensbiologie: der Frage danach, wie viel am später gezeigten Verhalten, am Charakter etc., denn nun angeboren und wie viel erlernt ist. Seitdem es Verhaltensforschung gibt, gibt es auch diesen einen ganz bestimmten Streitpunkt. Im angelsächsischen Sprachraum existiert dafür das nette Wortspiel »Nature vs. Nurture«.

Der Nobelpreisträger Tinbergen sagte, dass Verhalten zu 100 % angeboren und zu 100 % erlernt ist. Hiermit trifft er sicher den Punkt: Verhalten kann sich einerseits nur auf der Grundlage der genetisch fixierten Hardware entwickeln (ein Hund hat keine Flügel und kann folglich nie fliegen lernen). Auf der anderen Seite findet von der Sekunde der Geburt an eine Wechselwirkung zwischen Welpe und Umwelt (Umgebung) statt. Der Welpe zeigt ganz bestimmte Verhaltensweisen als Reaktion auf bestimmte Umweltreize und er lernt von Anfang an, welche seiner Reaktionen für ihn positive Konsequenzen haben und welche nicht. So findet die Entwicklung eines bestimmten Verhaltensrepertoires auf der Grundlage einer genetischen Prädisposition statt. Man kann auch sagen, dass die Erbmasse des Lebewesens ein Angebot an die Umwelt darstellt, und von den Umwelterfahrungen ist dann abhängig, welche Verhaltensmuster und/oder charakterlichen Attribute sich schwerpunktmäßig entwickeln: Mit der Befruchtung der Eizelle wird letztendlich der genetische Rahmen festgelegt, innerhalb dessen sich der entstehende Organismus entwickeln kann. Dies gilt nicht nur für die äußere Erscheinung, sondern auch für das Verhalten.

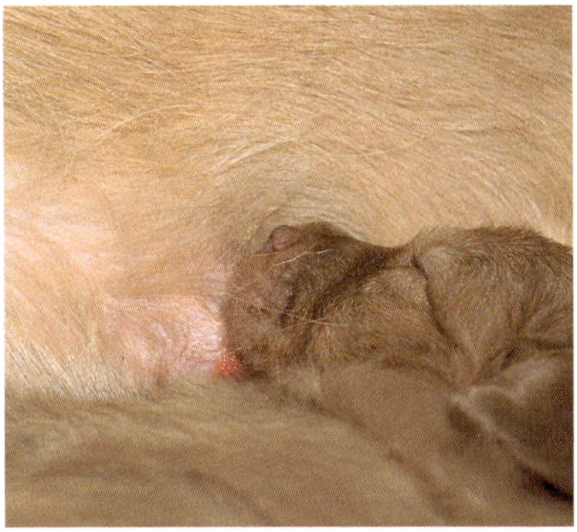

PENDELNDE SUCHBEWEGUNGEN ▶ Anfangs sind die Verhaltensweisen, die ein Welpe zeigt, noch mehr oder weniger streng genetisch fixiert. Alle neugeborenen Welpen machen z.B. pendelnde Suchbewegungen mit dem Kopf, um eine Zitze zu finden. Alle Welpen besitzen einen typischen quäkenden »Hilfeschrei«, den sie ausstoßen, wenn sie isoliert, also ohne Körperkontakt mit Wurfgeschwistern oder Mama sind. Auf diesen Schrei zeigt die Mutter auch ein typisches, genetisch fixiertes Verhalten: Sie sucht die Geräuschquelle und trägt sie ins Nest zurück. Dies macht die Hündin auch mit einem Kassettenrekorder, der den Schrei abspielt! Auch für die Hündin ist dieses Verhalten angeboren – sie muss es nicht lernen. Aber sie zeigt diese Reaktion auf den Schrei nur in den ersten 12 Tagen nach dem Werfen. Und auch der Welpe verliert mit dem Älterwerden die Fähigkeit, genau diesen speziellen Schrei auszustoßen.

Solche im engen Rahmen genetisch fixierten Verhaltensweisen in den frühen Entwicklungsstadien sichern das Überleben der Welpen und haben sich in Millionen Jahren der Evolution entwickelt und bewährt. Wenn eine erstgebärende Mutterhündin solche Verhaltensweisen wie die Reaktion auf den Hilfeschrei des Welpen erst durch Versuch und Irrtum lernen müsste, würde dies eine hohe Todesrate unter den Welpen jedes ersten Wurfes bedeuten. Auch das Suchpendeln erhöht die Überlebensrate: Bei halbkreisförmigen Suchbewegungen ist die Chance größer, gegen eine Zitze zu stoßen, als wenn man mit dem Kopf nur nach vorne stoßen würde. Gleiches gilt für das kreisförmige Kriechen der Welpen. Wenn ein Welpe gerade nach vorne »robben« würde und durch einen dummen Zufall zu Anfang eine ungünstige Richtung hätte, würde er sich sehr weit von der Geschwistergruppe entfernen und sich damit dem Risiko der Unterkühlung aussetzen. Bei kreisförmigen Bewegungen ist dieses Risiko geringer, denn der Welpe wird sich ab einem bestimmten Punkt automatisch wieder in Richtung der Gruppe orientieren.

Auftanken an der Milchbar!

Beim kreisförmigen »Robben« läuft man sich auch gegenseitig vor die Füße.

Auch »blind und taub« wird schon ein Teil der Umwelt wahrgenommen.

LECKSTIMULATION ▸ Hundewelpen sind in den ersten beiden Lebenswochen eigentlich recht nutzlose Gesellen, wenn man nur Äußerlichkeiten in Betracht zieht. Außer Schlafen, Saugen, Wachsen und Ausscheiden findet scheinbar nichts weiter statt – und ausscheiden tun die Welpen zudem auch nur auf die Leckstimulation der Mutter hin. Diese massiert mit ihrer Zunge den Bauch, die Seiten und den Rücken des Welpen und stimuliert so die Motorik von Blasen- und Darmmuskulatur und die Aktion der jeweiligen Schließmuskel. Bei mutterloser Aufzucht muss der Züchter diese Stimulation mit einem warmen, feuchten Waschlappen imitieren. Dies muss regelmäßig nach dem Füttern mit der Flasche erfolgen und der Mensch sollte genau wie die Mutter Bauch, Seiten und Rücken des Welpen sanft reiben, bis Kot und Urin abgegangen sind.

REAKTIONEN AUF ÄUSSERE EINFLÜSSE

▸ Hundewelpen werden blind und taub geboren. Messungen ihrer Gehirnströme (im EEG) zeigen Dauerschlafwellen an. Ihre motorischen Fähigkeiten beschränken sich zunächst auf das erwähnte Kopfpendeln, das Saugen und die Fähigkeit, sich robbend/kriechend langsam und kreisförmig fortzubewegen. Aber man sollte sich nicht dazu hinreißen lassen, diese neonatale Phase als ein rein vegetatives Stadium abzutun. Hundewelpen können von Anfang an warm und kalt unterscheiden, zeigen Schmerzreaktionen und trotz verschlossener Ohrkanäle eine typische »Schreckreaktion« auf laute Geräusche. Es finden bereits in dieser Phase wesentliche Wachstums- und Differenzierungsprozesse von Körper, Gehirn und Nervensystem statt.

▸ Das Nervensystem

Für das weitere Verständnis auch im Hinblick auf die Verhaltensentwicklung ist ein kleiner Exkurs in die Neurologie (die Kunde vom Nervengewebe) nötig. Unser ganzes Verhalten, unsere Motorik und unsere Emotionen, werden vom Nervensystem koordiniert. Solange ein Tier am Leben ist, solange das Nervensystem Signale und Kommandos leitet und die Muskeln arbeiten, zeigt ein Tier auch immer ein Verhalten. Auch Schlaf ist ein Verhalten – genauso wie Fressen. Das Zentralnervensystem (ZNS) setzt sich aus dem Gehirn und dem Rückenmark zusammen. Dieses sind quasi die Steuerorgane des Körpers. Daran schließt sich das periphere (äußere) Nervensystem an. Über dessen »Leitungen«, Nervenzellen mit allen Verzweigungen, werden Informationen aus dem ZNS an den restlichen Körper weitergegeben (z.B. Kommando »Kopf heben«). Umgekehrt werden Rückmeldungen über die Außenwelt an die Schaltzentrale geliefert (z.B. »Dieses Futter schmeckt gut«). Bei den Nervenzellen unterscheidet man solche, die schnell leiten (ca. 120 m/sec.), und solche, die langsam leiten (ca. 1 m/sec). Die schnellen sind diejenigen, über die unter anderem die Informationen von außen zum Gehirn gebracht werden und über die dann Kommandos vom ZNS an die Muskeln zur Aktion gehen. Langsame und schnelle Nervenzellen unterscheiden sich in ihrer Anatomie: Die langsamen sind »nackt«, während die schnellen von einer Eiweißhülle, der so genannten Myelinscheide, umgeben sind. Diese Hülle ist aber nicht von Anfang an vorhanden. Hundewelpen – und menschlichen Babys geht es nicht anders – werden mit vollständig nackten Nervenzellen geboren. Erst im Laufe der Entwicklung in den ersten zwei Lebenswochen werden die Nervenzellen im Bereich des abführenden Fortsatzes der Nervenzelle mit der Myelinscheide umhüllt. Dieser Fortsatz heißt »Axon« und hierüber findet die Weiterleitung der Information von einer Nervenzelle zur nächsten statt. Diese Umhüllung beginnt aber nicht einfach irgendwo oder ist schlagartig überall am Körper abgeschlossen. Sie folgt einer ganz strengen Regelmäßigkeit: Begonnen wird dort, wo die Nerven das ZNS verlassen – je näher im Kopf, desto eher. Aus diesem Grund werden Welpen auch nie mit dem Hinterteil zuerst aktiv! Immer sind die Axone der Nervenzellen, die die Motorik der Vorderbeine steuern, eher umhüllt und damit leistungsfähiger als die der Hinterbeine.

So ein Axon kann bei großen Hunden bis zu 0,5 m lang werden.

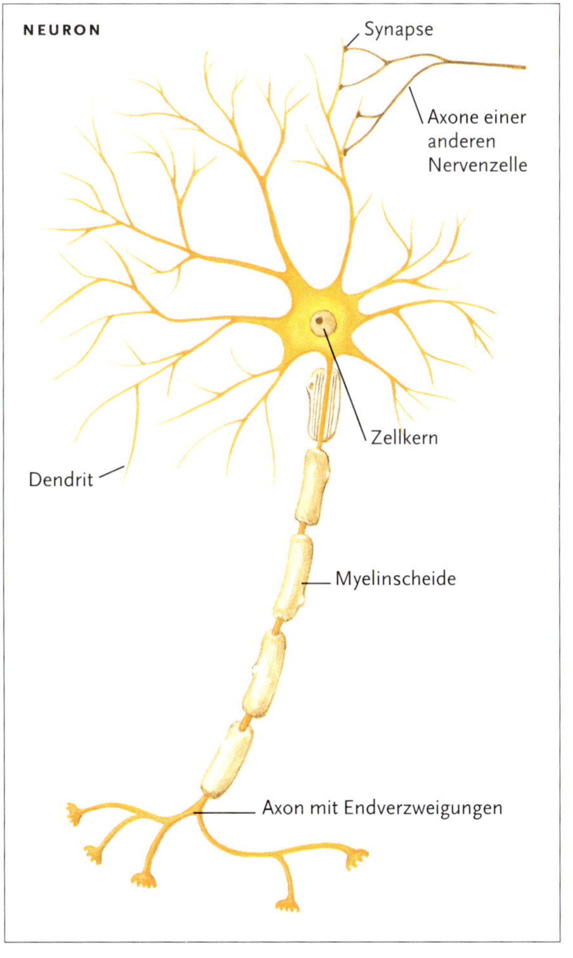

Kontaktliegen ist für das Wohlbefinden wichtig.

Wir können dieses »Wachsen« der Myelinscheide vom Vorderkörper über den Rücken hinunter zu den Hinterbeinen tatsächlich an den immer besser werdenden motorischen Fähigkeiten der Welpen verfolgen: Zunächst wird die Kontrolle über Kopf und Hals besser; dann fangen sie an, sich mit dem Vorderkörper hochzustemmen und die Vorderbeine gezielt zu stellen; schließlich beginnen sie die Hinterbeine unter den Bauch zu ziehen, um dann unter großen Mühen den Po in die Luft zu stemmen.

DAS FLAT-PUPPY-SYNDROM ▶ Welpen mit Flat-Puppy sind nicht in der Lage, sich mit den Gliedmaßen aufzurichten. Das Vollbild dieses Problems zeigt sich zwischen dem 14. und 21. Lebenstag. Erste Hinweise zeigen sich aber schon mit 4–5 Tagen. Mittlerweile weiß man, dass sich bei diesen Welpen die Myelinscheide von Anfang an nicht richtig ausbildet. Warum dies so ist (ererbt, Infektion der Mutter während der Trächtigkeit, etc.?) weiß man nicht. Es wird diskutiert, dass Vitamingaben an die betroffenen Welpen hilfreich sein können. Viel wichtiger scheint aber ein regelmäßiges »Turnen« des Züchters mit diesen Welpen zu sein. Auch eine passive Bewegung der Gliedmaßen führt über Dehnungsreize der Muskeln nämlich zu einer aktiveren Ausbildung der Myelinscheide.

MILDER STRESS IST WICHTIG ▸
Wer als Züchter seinen Welpen etwas Gutes tun will und dafür sorgt, dass sie sich z. B. wenig bewegen müssen, indem er sie jedes Mal an die Zitze legt, verlangsamt nicht nur die Herausbildung der Myelinscheide. Er bewirkt unter Umständen sogar, dass sie sich fehlerhaft ausbildet – mit negativen Auswirkungen auf die Motorik dieses Welpen für ein ganzes späteres Hundeleben. Milder Stress ist nötig, damit sich der Organismus korrekt entwickelt. Diesen Satz werden Sie auf den nächsten Seiten noch häufiger lesen. Er ist so wichtig, dass man ihn eigentlich gar nicht oft genug wiederholen kann. Wenn man im Paradies aufwächst, kann man später auch nur im Paradies überleben. Welcher unserer Hunde lebt aber schon im Paradies?

Milder Stress in diesem frühen Lebensabschnitt fördert die Entwicklung des Immunsystems und legt den Grundstein für die Befähigung des Organismus, mit Stress und Belastungen umzugehen. Wenn ein Welpe Hunger hat oder friert, muss er aktiv werden, um diese Mängel auszugleichen. Er muss sich anstrengen, um seine Bedürfnisse zu befriedigen. Am Ende steht dann der Erfolg (voller Magen, Wärme) und der Welpe hat eine Grundinformation über das Prinzip späterer psychischer und physischer Vorgänge und über das Lernen an sich erhalten.

Für eine normale Verhaltensentwicklung des Welpen ist es unabdingbar, dass er diese einzelnen Komponenten durchläuft. Wenn er z.B. bei der Flaschenaufzucht keinerlei Anstrengung beim Saugen unternehmen muss, weil das Loch im Nuckel groß genug ist und die Milch von allein herausläuft, wird es nie zu einem vollständigen und korrekten Erlöschen der Motivation kommen. Die Endhandlung kann nicht artgemäß vollzogen werden. Das Verhalten (Saugen) wird unter Umständen auf andere und eventuell sogar auf nicht nahrungsbezogene Bereiche/Funktionskreise umgelenkt und bleibt dann ein Hundeleben lang erhalten, statt mit dem Absetzen zu verschwinden, wie es eigentlich sein sollte.

Regelkreis der Verhaltenssteuerung

Motivation (Hunger)
▼
Appetenz (Suchen und Aufsuchen der Zitze)
▼
Endhandlung (Saugen)
▼
Erlöschen der Motivation (Sättigung)

Ähnliches gilt für die Regelung der Körpertemperatur. Wer seinen Welpen eine optimale und schwankungslose Umgebungstemperatur bietet, reduziert ihre spätere Fähigkeit, selbst Thermoregulation betreiben zu können. Rotlichtlampen über der Wurfkiste sollten daher eigentlich nicht eingesetzt werden – einmal abgesehen von der zusätzlichen Gefahr von Verbrennungen bei den Welpen.

▸ Erster Kontakt mit der Umwelt

Zu Beginn der dritten Lebenswoche öffnen sich beim Welpen die Augen und die Ohrkanäle. Im Großen und Ganzen kann man diesen Abschnitt als eine Konsolidierungsphase (Konsolidierung = Festigung) bezeichnen, in der der

VERHALTENSBEOBACHTUNGEN ▸ Bis in die 70er-Jahre des zwanzigsten Jahrhunderts hat es viele Untersuchungen zur Wichtigkeit und zu den Vorgängen während der Sozialisationsphase überhaupt gegeben, die sich rein auf Verhaltensbeobachtungen beschränkten. Wichtige Ergebnisse (auch im Hinblick auf die Sozialisationsphase des Menschen) wurden gefunden. Man hat z.B. Hundewelpen, nachdem sich die Augen geöffnet hatten, bis zum Ende der Sozialisationsphase nur im Dunkeln gehalten. Diese Hunde hatten später organisch gesunde Augen – waren aber vollständig blind, da das ZNS nicht gelernt hatte, die einkommenden Lichtsignale zu verarbeiten. Ähnliches wurde mit Katzenwelpen gemacht. Katzen, die man bis zum Ende der Sozialisationsphase in einer Umwelt aufwachsen ließ, in der entweder alle waagerechten oder alle senkrechten Strukturen extrem betont waren, konnten sich später in einer Umwelt, in der beide Elemente (waagerecht und senkrecht) vorkamen, nicht mehr räumlich orientieren. Heute kann man mit speziellen bildgebenden Verfahren in das lebende Gehirn hineinsehen (ohne den Organismus zu schädigen) und kann sich hier Ausschnitte bis zur Ebene einzelner Synapsen vergrößern. So konnte für die Vorgänge der Sozialisation mittlerweile sehr schön bewiesen werden, was frühere Forscher nur aufgrund von Verhaltensbeobachtungen vermutet hatten.

▸ Der Hund ist ein soziales Tier

Hunde sind obligat sozial – das bedeutet, der Kontakt zu Artgenossen ist lebensnotwendig. Hunde sind dabei recht flexibel in der Wahl der »Artgenossen«. Alles was der Hund während seiner Sozialisationsphase an Lebewesen kennen lernt, kann mehr oder weniger als »Artgenosse« abgespeichert werden. Später wird sich ein Hund dauerhaft nur noch in der Umgebung von »Artgenossen« wohl fühlen und entspannt sein. Er hält es sicher eine kurze

So beginnt das Lernen der Beißhemmung: Beißt der Kleine in den Finger, wird die Hand weggezogen.

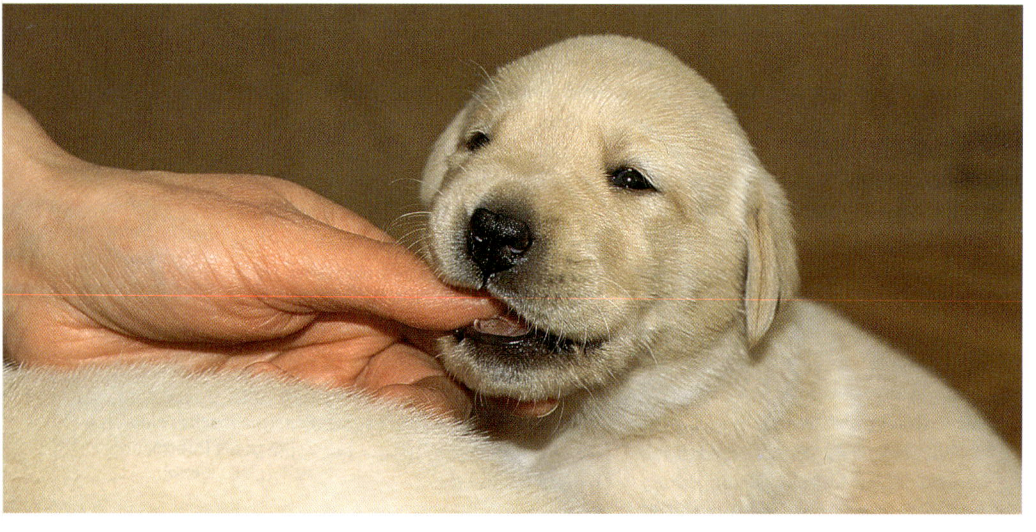

Diese Welpen lernen auf spielerische Weise die Kommunikation unter Hunden.

Zeit allein aus und kann sich auch in feindlicher Umgebung arrangieren – sollte dies aber ein Dauerzustand werden, gerät der Hund in Stress, der letztendlich zu körperlichen Schäden (Erkrankungen) und weiter auch zum Tode führt.

UMWELTSIGNALE ▶ Um ein normales, artgerechtes Sozialverhalten zu entwickeln, benötigt der Welpe in der Sozialisationsphase die entsprechenden Umweltsignale. Die sozialen Gesten an sich, also z.B. Drohgebärden oder die Körpersprache der Unterwerfung, sind dem Hund zwar angeboren – die Fähigkeit, diese beim Sozialpartner zu erkennen und dann korrekt darauf zu antworten, aber nicht. Genau dieses Lernen wird als Sozialisation bezeichnet. Mit anderen Worten: Der Hund kann von Anfang an, wenn die Muskelkontrolle einigermaßen entwickelt ist, z.B. seinen Nasenrücken runzeln, mit dem Schwanz wedeln oder die Stimmbänder zum Knurren vibrieren lassen. Lernen muss er, diese Signale bei anderen richtig zu deuten und auch seine eigene Körpersprache im richtigen situationsbezogenen Moment einzusetzen. Wenn ein Hund dieses nicht lernen kann, z.B. weil er in der Sozialisationsphase nicht oder auch nur nicht ausreichend mit anderen Hunden kommunizieren kann, kann man auch später nicht erwarten, dass er sich richtig verhält. Dieser Hund wird später ein so genanntes Deprivationssyndrom zeigen.

KONTAKT ZU MENSCHEN ▶ Übrigens kommt es bei der Sozialisation mehr darauf an, dass überhaupt Kontakte möglich sind – erst sekundär ist die Qualität dieser Kontakte wichtig. Bei Hunden, die z.B. Angst vor einem bestimmten Typus Mensch haben, vermuten viele Hundehalter, dass ein Mensch dieses Typus den Hund früher einmal geschlagen oder anderweitig geärgert/gequält haben muss. Dies ist fast nie Tatsache. Eher ist es so gelaufen, dass der entsprechende Hund diesen entsprechenden Typus Mensch in seiner Sozialisationsphase nicht kennen lernen konnte und darum als älterer Hund Angst davor hat. Der typische deutsche Hundezüchter ist eigentlich selten behindert, alt und gebrechlich, ein Kleinkind oder ein farbiger Mitbürger – und dazu werden die Welpen dann auch noch eher von Frauen versorgt als von Männern. Da Deprivation zu Angst führt und Angst die häufigste Ursache für aggressives Verhalten ist, ist es nicht verwunderlich, dass farbige Mitbürger, Behinderte, Alte und Kleinkinder häufige Opfer aggressiver Handlungen von Hunden sind und dass Hunde durchaus häufiger Angst vor Männern haben als vor Frauen.

SCHLUSSFOLGERUNG ▸ In der Sozialisationsphase speichert der Welpe also alle Lebewesen, denen er begegnet, bei zumeist positivem Kontakt als Artgenosse oder befreundete Spezies ab. Gleiches gilt für die unbelebten Umweltreize. Hier findet eine so genannte Habituation (Gewöhnung) statt. Alles, was der Welpe in dieser Phase der Sozialisation nicht kennen lernt, wird später bei ihm zunächst einmal Angst auslösen. Welpen, die hinter der letzten Milchkanne auf einem Dorf aufwachsen, bringen ein schlechtes Rüstzeug für ein eventuelles späteres Leben in der Stadt mit – Probleme sind vorprogrammiert. Typisch sind hier dann Hunde, die vor jeder Mülltonne, jedem Fahrrad auf dem Gehweg Angst haben; Lastwagen, Knallerei, pfeifende Heizkörper, Motorräder, Flatterbänder an Baustellen ... die Liste kann unendlich fortgesetzt werden.

Hunde sind leider allzu oft Handelsware, mit der viel Geld, bei geringem Arbeits- und Kostenaufwand, verdient werden kann. Hund und Halter müssen es später ausbaden. Also seien Sie vorsichtig, wenn Sie aus Mitleid einen »Findling aus dem Kofferraum oder Keller« kaufen – 20 andere Welpen warten unter Umständen in einer Kiste nebenan, um sie mit der gleichen Story an den Mann oder die Frau zu bringen.

Kleiner Tipp für den Hundekauf

... falls Sie einen Welpen vom Züchter oder von privat kaufen:

- Leben die Welpen im Zwinger oder haben sie Familienanschluss?
- Wurden/werden die Welpen an ein breites Spektrum der belebten und unbelebten Umwelt gewöhnt?
- Sind ausreichend Menschen vorhanden, um die Welpen auch tatsächlich so intensiv zu versorgen?
- Wird Ihnen die Mutter gezeigt und hat sie tatsächlich auch bis zum Abgeben Kontakt mit den Welpen? Hat die Mutter Angst vor Ihnen oder ist sie sogar aggressiv?
- Interessiert sich der Züchter/Besitzer der Mutterhündin dafür, wie Ihre Lebensbedingungen sind und für welchen Zweck/aus welchem Grund Sie den Hund kaufen?

... falls Sie einen Welpen oder älteren Hund aus einem Tierheim kaufen:

- Kommt der Hund aus der Nähe oder wurde er durch halb Deutschland transportiert?
- Können Angaben zur Vorgeschichte gemacht werden? Und wenn der Hund an der Autobahnraststätte gefunden wurde – die Geschichte muss zumindest plausibel und nachprüfbar sein. In guten und von staatlichen Stellen anerkannten Tierheimen bekommen Sie diese Informationen ohne Probleme – dort, wo keine staatliche Anerkennung, z.B. über die Gemeinnützigkeit, vorliegt, sollte man vorsichtig sein. Wo »Tierheim« draufsteht, ist nicht immer »Tierheim« drin.

Der umweltsichere Hund – so macht der Ausflug beiden Spaß.

Angst – der »mutige« Hund ist ein menschlicher Wunschtraum

Angst ist eine negative Emotion. Es kommt dabei zu inneren und äußeren Stressreaktionen des Körpers auf eine tatsächliche oder auch nur vermeintliche Gefahr. Im Kapitel Kommunikation (siehe S. 180) wird noch ausführlich darauf eingegangen, woran Sie denn sehen können, dass oder ob Ihr Hund Angst hat.

Welpen sind der belebten und unbelebten Umwelt gegenüber zunächst nur neugierig und unbefangen; erst ab ca. der 5.–6. Lebenswoche entwickelt sich bei ihnen die Fähigkeit, Angst zu empfinden. Dabei überwiegt bis zur 8. Lebenswoche noch die Neugier gegenüber Neuem und Unbekanntem, während danach immer stärker ängstlich reagiert wird, wenn ihnen etwas »spanisch vorkommt«. Dies ist durch die Evolution durchaus sinnvoll eingerichtet worden, denkt man an den Wolfswelpen: In den ersten Lebenswochen wird er nur Heimat und Rudelkumpane in seinem Leben kennen lernen.

Zusätzlich muss er die Kommunikation unter Wölfen und die Spielregeln im Zusammenleben lernen. Dafür ist es praktisch, wenn der Organismus neugierig und aufgeschlossen (also nicht ängstlich) ist. Wird der kleine Wolf älter und kontrollierter in seinen Bewegungen, entfernt er sich auch mehr vom Bau und läuft Gefahr, z.B. einem Feind zu begegnen. Würde er dann keine Angst zeigen, wäre er schnell gefressen! Darum sind diese Phasen und die Entwicklung von Angstverhalten ab einem bestimmten Alter von der Natur sinnvoll eingerichtet. Diese Phasen laufen aber auch bei unserem Hund ab – und wenn der Züchter/Besitzer dem keine Rechnung trägt, kann es später Probleme geben. Auch hier gilt: Milder Stress ist wichtig für die Entwicklung. Wer seine Welpen in Watte packt und ihnen jede negative Erfahrung erspart, ermöglicht ihnen

Elemente aus dem Aggressionsverhalten müssen gelernt werden.

keinen guten Start ins Leben. Der Welpe muss lernen, auch mit Angst umzugehen. Aus Angst könnte man weglaufen, angreifen, erstarren oder soziale Gesten (Demutsgesten) zeigen. Jede dieser Verhaltensweisen muss der Welpe üben, um sie später als erwachsener Hund im entsprechenden Kontext richtig zu zeigen.

Dabei ist Angst also eine lebensrettende Emotion; Mut dagegen wäre im Tierreich eigentlich eine Dummheit. Mut bedeutet, trotz Angst oder Schmerz eine bestimmte Handlung durchzuführen, die sich zum eigenen Nachteil entwickeln könnte. Warum solche »mutigen« Handlungen in der Evolution wenig Überlebenschance haben und auch nach der Domestikation einer wilden Tierart nie den Charakter der späteren Haustiere bestimmen werden, wird in den weiteren Kapiteln erklärt.

Aggressionen im Welpenalter

Angreifen gehört als offensive Attacke in den Bereich der Aggression – genauso wie die Drohgebärden. Eine der wichtigsten Lernerfahrungen in der Sozialisationsphase ist der adäquate Umgang mit Aggression. Aggressives Verhalten tritt bei Hundewelpen erstmals während der 4.–5. Lebenswoche auf. Es hat keinen speziellen Auslöser, richtet sich gegen die Wurfgeschwister und wird allein durch deren Anblick provoziert. Es kommt also zunächst zu Aggression in der reinen Interaktion der Welpen untereinander, ohne dass schon echtes Sozialverhalten gezeigt wird. Erst später kommt es zu objektbezogener Aggression, z.B. bei der Auseinandersetzung um Knochen oder Ähnliches, und zu Aggression in weiteren Auseinandersetzungen um mögliche Ressourcen.

Es ist wichtig, dass ein Welpe in der Sozialisationsphase auch diese aggressiv getönten Interaktionen mit Wurfgeschwistern und der Mutter (möglichst auch noch Onkeln und Tanten) hat. Nur so kann er den richtigen Gebrauch seiner Waffen üben, bzw. lernen, mehr oder weniger auf deren Einsatz zu verzichten. Dominanz- und Unterwerfungsgesten werden in dieser Phase geübt und machen die ernste offensive Attacke im sozialen Kontext letztendlich weitestgehend unnötig.

BEISSHEMMUNG MUSS GELERNT WERDEN ▸ Nur im Beißspiel mit den Wurfgeschwistern und den älteren Verwandten können Welpen die Beißhemmung einüben. Sie lernen, dass es dumme Folgen hat, wenn sie ihre Zähne zu stark in die Haut ihrer Geschwister bohren: Diese werden schreien, eventuell zurückbeißen und/oder das Spiel beenden. Es ist nicht nett, gebissen zu werden, und es ist nicht schön, wenn auf einmal niemand mehr mit einem spielt – so lernt der Welpe seine Zähne mehr und mehr vorsichtig einzusetzen. Wenn ein Welpe mit 8–10 Lebenswochen zu seinen neuen Besitzern kommt, ist dieser Prozess des Lernens noch nicht abgeschlossen. Die Menschen müssen hier weitermachen, um die Beißhemmung weiter auszubilden. Zum Beispiel, indem sie selbst etwas rabiatere Spiele provozieren und dann bei zu starkem Einsatz der Zähne das Spiel schlagartig abbrechen und weggehen. Wenn man Spaß daran hat und wenn es die Situation ermöglicht (und nur dann!), könnte man vor dem Abbrechen und Weggehen den Welpen noch schnell und kurz ins Ohr beißen. Wichtig ist dabei, dass diese Sequenz (Beißen bis Weggehen) sehr schnell erfolgen muss (innerhalb von 1–2 Sekunden!) und dass der Welpe danach auch deutlich ignoriert wird.

Ignorieren bedeutet NICHT ansehen, NICHT ansprechen und NICHT anfassen! Wer seinen Hund ausschimpft, ignoriert ihn gerade NICHT.

Bei einem schlecht gelaunten Verwandten macht man sich am besten klein…

... unter gleichaltrigen Kollegen kann man sich auf eine Rangelei einlassen.

KONTAKT ZU ANDEREN HUNDEN ▸ Es ist nützlich und wichtig, dass der Welpe bei seinen neuen Besitzern Kontakte zu anderen Hunden jeder Altersstufe hat. Leider wird immer noch zu häufig empfohlen, Welpen bis zur kompletten Ausbildung des Impfschutzes isoliert zu halten. Hierzu macht eine amerikanische Studie eine interessante Aussage. Es wurden darin die Todesursachen von Hunden untersucht, die höchstens 12 Monate alt wurden. Knapp 80 % dieser Hunde starben an Verhaltensproblemen (= sie wurden euthanasiert) und nur 5 % starben an einer der Krankheiten, gegen die geimpft wird.

▸ Frustrationen müssen sein

DAS ABSTILLEN ▸ Eine wichtige negative Erfahrung, die ein Welpe machen muss und die man ihm nicht versüßen sollte, ist das Abstillen. Hier lernt der kleine Hund eine weitere Emotion kennen: die Frustration. Frustration führt zu Stress und ist ein häufiger Grund für Aggression. Unter den Hunden, die mit Aggressionsproblemen auffällig werden, sind viele, die nicht gelernt haben, mit Frustration umzugehen. Aus diesem emotionalen Zustand heraus kennen sie dann häufig nur eine Möglichkeit, den Stress abzubauen: Sie beißen. Frustration tritt dann ein, wenn man etwas haben will und es nicht bekommt/erreicht. Der Welpe ist es zunächst gewöhnt, dass die Milch frei fließt. Er kann höchstens einmal nicht sofort an eine Zitze, wenn er mehr als 9 Geschwister hat. Ist der Platz an der Bar aber erst einmal erreicht, kann er dort seinen Durst stillen, bis er meint, dass er genug hat.
Ab der 5. Lebenswoche wird Mama nun etwas zickig und lässt ihre Quälgeister unter Umständen nicht mehr zu Ende trinken; oder die Milchquelle versiegt vorzeitig beim Saugen, weil die Gesäugekomplexe mit der Produktion nicht nachkommen. Jedenfalls muss der Welpe akzeptieren, dass bestimmte Dinge im Leben nicht so laufen, wie er sich das vorstellt. Hier reagieren die Welpen zunächst sehr invariabel und zumeist mit Meckern und/oder Aggression. An der Reaktion ihrer Umgebung wiederum lernen sie nun, welches Verhalten adäquat für die jeweilige Situation ist – sie lernen, auf den Frustrationsreiz angemessen und variabel zu reagieren.
Da die Mutter zu dieser Zeit meist schon für immer längere Etappen das Nest/die Wurfkiste verlässt, lernt der Welpe auch, dass bestimmte Dinge nicht permanent verfügbar sind – und dass deshalb die Welt nicht zusammenbricht.

Jetzt beginnt die Phase des Zufütterns durch den Züchter: die Umstellung auf Brei und später festeres Futter.

Wenn hier jeder Welpe sofort einen Platz an der Breischüssel hat und sich wiederum den Bauch vollschlagen kann, wird dieser Lernprozess unterbrochen und eine Frustrationstoleranz wird nur ungenügend oder gar nicht gelernt. Auch hier ist milder Stress nötig. Die Welpen sollten sich untereinander über den besten Platz an der Futterschüssel auseinandersetzen können und nicht unbedingt immer voll gesättigt werden. Natürlich muss man hier als Züchter darauf achten, dass nicht einer der Welpen permanent zu kurz kommt – aber zwischen Jammern, weil man etwas zu kurz kommt, und dem tatsächlichen Hungertod liegt schon eine große Zeitspanne.

▸ Aufgaben des Züchters

Worauf sollten also Züchter in der Sozialisationsphase achten und was sollten die neuen Besitzer weiterführen? Der Züchter sollte seinen Welpen ein breites Spektrum an Umweltreizen bieten und den Welpen die Möglichkeit geben, mit diesen selbst fertig zu werden. Dazu gehören auch negative Erfahrungen! Unter den Begriff »breites Spektrum« fällt z.B. das Heranführen an die verschiedensten Mitglieder der menschlichen Rasse. Für einen Hund liegen Welten zwischen einem Kleinkind, einem agilen Erwachsenen und einem Senior mit Stock. Mit jedem Individuum muss er sich separat vertraut machen. Hier müssen die neuen Besitzer einfach daran denken, dass die Sozialisationsphase mit der 12. Lebenswoche endet und nicht in dem Moment vorbei ist, wo der Hund in sein neues Zuhause kommt. Auch Sie sollten mit Ihrem Hund z.B. einmal in U-Bahn oder Bus steigen, ein Einkaufszentrum besuchen oder, wenn Sie keine Kinder haben, den Welpen kontrolliert Kontakt zu Kindern (z.B. den Nachbarskindern) haben lassen.

Das gemeinsame Fressen an einer Futterschüssel ist wichtig, um Frustrationstoleranz zu erlernen.

Auseinandersetzen um Besitztümer – Gewinnen und Verlieren muss man üben.

Welpenspielgruppen

Welpenspielgruppen sind mittlerweile fast zur Institution geworden. Wichtig ist hierbei, dass dort die Welpen nicht einfach nur »vor sich hin spielen«, sondern dass schon spielerische Ansätze einer Ausbildung (Grundübungen wie »Sitz« oder »Platz«) und die Gewöhnung an die Kommunikation mit Menschen stattfinden. Nie lernen Lebewesen besser und schneller als in dieser Phase – man macht sich und dem Hund das Leben nur unnötig schwer, wenn man diesen Abschnitt ungenutzt verstreichen lässt. Zusätzlich sollte aber auch das Spiel überwacht werden, um zu verhindern, dass die Welpen etwas »Unerwünschtes« lernen. Verkriecht sich z.B. ein sehr ängstlicher Welpe permanent unter dem Schrank, aus Angst vor einem sehr aktiven Mitglied in der Gruppe, muss eingegriffen und der ängstliche Hund eventuell kurzfristig mit einem etwas jüngeren und/oder sanfteren zusammengesetzt werden. So kann auch der Ängstliche das Sozialverhalten üben und lernt, dass man sich bei Sozialkontakten nicht unbedingt immer gleich unter dem Schrank verstecken sollte oder muss.

Ende der Sozialisationsphase

Die Sozialisationsphase endet mit der 12. Lebenswoche. Bei einigen Hunderassen, wie z.B. den nordischen Rassen, kann sie auch bis zur 14. Lebenswoche dauern. Daran schließt sich die juvenile Phase an. Hier festigt und übt der Hund die in der Sozialisationsphase erlernten sozialen Fähigkeiten und übt sich in der Beißhemmung. Die juvenile Phase endet dann mit dem Eintritt in die Pubertät.

Welpenschutz

Ab der 16.–18. Lebenswoche sollte man den Hund nicht mehr als Welpen bezeichnen: Er ist dann schon ein Junghund. Aus diesem Grund soll in diesem Zusammenhang kurz noch auf den »Welpenschutz« eingegangen werden. Ich erlebe es häufig, dass mir 6 Monate alte oder sogar noch ältere Hunde als »Welpen« vorgestellt werden. Die Besitzer gehen sogar noch vom »Welpenschutz« aus. Was aber ist »Welpenschutz«? Ich bezeichne es als eine Konvention und benutze das Wort, mit den nötigen Erklärungen relativiert, auch selbst, weil viele Personen damit zumindest den einen Punkt ja richtig assoziieren: Ein Welpe hat manchmal Narrenfreiheit. (Interessant ist, dass es in keiner anderen Sprache eine direkte Übersetzung für diesen deutschen Begriff gibt!)

»Welpenschutz« besteht bei Wölfen nur innerhalb einer Familie, eines Rudels. Und er kommt dadurch zustande, dass zum einen alle Wölfe eines Rudels miteinander verwandt sind und die eigene Verwandtschaft sich nicht tötet (mit Ausnahmen) – zum anderen aber auch dadurch, dass die Welpen schnell die entsprechenden Gesten der Unterwerfung lernen und sie im Krisenfall (genervter Onkel o.Ä.) anwenden, um nicht gebissen zu werden. Hunde, die sich im Park treffen, sind in der Regel nicht miteinander verwandt. Es ist also völlig normal, wenn hier ein Welpe auch einmal angeknurrt wird oder sogar nach ihm geschnappt wird. Ein gut sozialisierter Welpe zeigt dann die entsprechenden Gesten der Unterwerfung und ein gut sozialisierter älterer Hund versteht sie und geht weg. Das ist Welpenerziehung unter Hunden. Man darf »Welpenschutz« aber nicht so interpretieren, dass der Welpe an sich machen kann, was er will. Und man sollte auch keinen älteren Hund als pathologisch aggressiv hinstellen, wenn er Welpen anknurrt. Traurige Einzelfälle gibt es natürlich, in denen ein Welpe ernsthaft zu Schaden kommt – häufig , weil entweder der erwachsenen Hund oder der Welpe, und im schlimmsten Fall beide, keine ausreichende und gute Sozialisation genossen haben.

In Welpengruppen lernen Welpen nebeneinander zu Fressen.

Arterhaltung oder Egoismus

▸ Motive und Emotionen

Warum verhalten sich Tiere in bestimmten Situationen individuell verschieden und in anderen wieder sehr ähnlich? Welches sind die zugrundeliegenden Motivationen für bestimmte Verhaltensweisen – und haben Tiere überhaupt Motive und vielleicht sogar Emotionen? Vor über 500 Jahren wurde von René Descartes (französischer Philosoph, 1596 bis 1650) der Begriff des Tieres als »seelenlose Maschine«, die sich »nur instinktiv verhält«, geprägt. Heute ist allgemein anerkannt, dass Tiere (und nicht nur die höheren Säugetiere) Motive und Emotionen haben und dass sie nicht nur Schmerz empfinden, sondern auch leiden können.

TRIEBMODELLE ▸ Gerade in den letzten 10 – 20 Jahren hat sich das Wissen, besonders auch durch die Forschung in der Neurophysiologie, massiv erweitert und verändert. Zu den Zeiten von Konrad Lorenz und bis in die letzten 70er-Jahre hinein ging man bei der Erklärung von individuellen Verhaltensweisen noch von Triebmodellen aus, die sehr fest und starr waren. Das Verhalten eines Tieres wurde durch seine Triebe gesteuert. Es gab den Fortpflanzungstrieb, den Jagdtrieb, den Aggressionstrieb, den Wehrtrieb, den Spieltrieb und Ähnliches. Diese Triebe konnten zum Beispiel »gestaut« werden und brachen sich dann irgendwann ihre Bahn. Hier rühren die die Geschichten über »unberechenbar« aggressive Hunde her. Man sah es so, dass der Hund dabei Opfer seines Triebes wurde, dessen Ausprägung vererbbar war. Man ging auch davon aus, dass bestimmte Triebhandlungen durch bestimmte enge und eindeutige Umweltsignale ausgelöst würden – auch hier herrschte also die Vorstellung, dass ein Lebewesen eine Art passives Opfer seiner angeborenen Triebe sei.

Wenn nun Probleme mit bestimmten Verhaltensweisen beim Hund auftraten (z.B. ein Aggressionsproblem oder die Tatsache, dass sich ein Hund nicht gut ausbilden ließ), war die Sache für die Menschen oft sehr einfach. Hund und Halter waren Opfer dieser angeborenen Triebe, an denen man, so die damalige Meinung, nichts ändern könne – also wurde der Hund abgegeben (bei Trainingsproblemen) oder eventuell sogar eingeschläfert (bei Aggressionsproblemen).

VERHALTEN WIRD GESTEUERT ▸ Heute weiß man, dass jedes einzelne Verhalten, welches ein Hund irgend-

Stellt »Spaß« beim Hund eine Motivation zum Handeln dar?

wann einmal in seinem Leben zeigt, durch eine Vielzahl an Komponenten beeinflusst und gesteuert wird – und dass der starre Triebbegriff der 70er-Jahre wahrhaft ausgedient hat. Verhalten wird in der Tat von Motiven und Emotionen gesteuert. Wenn ein Hund ein bestimmtes Verhalten zu einem bestimmten Zeitpunkt und in einer bestimmten Situation zeigt, dann nur, weil er in genau diesem Moment dazu motiviert ist. Dabei ist es unerheblich, ob es sich bei diesem Verhalten um Schlafen, Fressen, offensives Aggressionsverhalten oder das Zeigen eines erlernten Verhaltens auf Kommando handelt – hätte der Hund in genau dem entsprechenden Augenblick kein Motiv dafür, würde das Verhalten nicht gezeigt werden!

▸ Fortpflanzung, Schadensvermeidung und Bedarfsdeckung

Was sind nun die zugrunde liegenden Motive für die beispielhaft genannten (und damit für alle!) Verhaltensweisen eines Hundes? Im biologischen Sinne kann man sagen, dass sich diese gar nicht so stark von den Motiven von uns Menschen unterscheiden.

Die Folgen der Triebmodelle

Training bedeutet, den Hund zu motivieren. Wer dies nur nach Schema F machen kann, weil er nur „ein Triebmodell" im kopf hat, ist kein guter Trainer.
Und viele Pokale sagen da gar nichts aus: Diverse „Supertrainer" haben vielfach bis zu jedem individuellen Superhund, der dann einige Pokale gewonnen hat, zunächst diverse andere »ausprobiert und weggeworfen«, weil sie »sich nicht trainieren ließen« – zumindest nicht mit den Trainingsmethoden, die der Trainer anwenden konnte. Zum Umdenken und/oder Umlernen war dieser Trainer nicht in der Lage. Da war es für ihn einfacher, den Hund abzugeben und sich den nächsten zu holen.
Irgendeiner passte dann zu den Trainingsmethoden und mit dem wurde gearbeitet.

Die Schlagwörter wären hier »Fortpflanzung«, »Schadensvermeidung« und »Bedarfsdeckung«. Dabei wären Nummer zwei und drei im Grunde auch die Grundvoraussetzungen, um das erste Motiv zu erreichen. »Bedarfsdeckung« bedeutet, all die (über)lebensnotwendigen Dinge, die so genannten Ressourcen, pro Tag, Woche oder Monat zu bekommen, die man unbedingt zum Überleben braucht. »Schadensvermeidung« bedeutet, dabei nicht verletzt zu werden oder anderweitige Schäden zu erleiden (z.B. eine Infektion), die das Überleben gefährden könnten. Und beides, erfolgreiche Bedarfsdeckung und Schadensvermeidung, sind unbedingt nötig, um sich fortzupflanzen und die Nachkommen erfolgreich aufziehen zu können. Dieses – die erfolgreiche Fortpflanzung – kann als das oberste Ziel und damit Hauptmotiv aller Lebewesen auf der Erde angesehen werden. Dies gilt momentan als aktueller wissenschaftlicher Stand aus den letzten Jahrzehnten an Forschung über Tierverhalten, Evolution etc.

Bedarfsdeckung...

Egoismus oder Spiel oder beides?

Tiere sind Egoisten

Tiere werden als Egoisten betrachtet, denen es tatsächlich darum geht, sich und nur sich, fortzupflanzen. Es geht dem individuellen Tier eben nicht um die Erhaltung der Art, wie früher immer angenommen. Diese These der Arterhaltung brach zusammen, als man mehr und mehr Beobachtungen über Infantizid (= Kindestötung) im Tierreich machte. Berühmt sind hier zum Beispiel die Beobachtungen an Gruppen wilder Löwen geworden. Löwen leben in Gruppen mit diversen Weibchen und einem Männchen, dem Pascha, zusammen. Weibliche Nachkommen bleiben oft im Rudel und männliche Nachkommen werden üblicherweise nach der Pubertät vom Pascha verjagt. Hin und wieder kommt es vor, dass ein alter Pascha von einem jüngeren Männchen verjagt oder getötet wird – es findet also eine Ablösung in der Pascharolle statt. Hier hat es dann Zoologen sehr erstaunt, als sie beobachteten, dass diverse neue Paschas nach der »Übernahme« schon vorhandene Löwenbabys töteten. Dies war zum damaligen Zeitpunkt mit dem Konzept der »Arterhaltung« nicht vereinbar. Sehr gut vereinbar ist es aber mit dem Konzept des Egoismus. Die Löwenweibchen werden nämlich sehr schnell nach dem Tod ihrer Babys wieder empfängnisbereit und so kann der neue Pascha sicherstellen, dass im Rudel nur seine Nachkommen aufgezogen werden und keine Nachkommen fremder Männchen.

Das Erbe der Wölfe

Diese zugrunde liegenden Motivationen für alle Verhaltensweisen, die ein Tier jemals in seinem ganzen Leben zeigen wird – Bedarfsdeckung, Schadensvermeidung, Fortpflanzung –, gelten auch für unsere Haushunde. Auch wenn sie nicht mehr um ihr Überleben kämpfen müssen wie der Wolf. Diese Grundmotive tierischen Verhaltens sind genetisch verankert und in Jahrmillionen der Evolution erprobt worden.

Einige zigtausend Jahre an Domestikation reichen nicht, diese Motive und auch die grundlegend dazu gehörenden Verhaltensmuster aus der Erbsubstanz zu löschen.

VERHALTEN MUSS SICH LOHNEN ▸ Verhaltensweisen, die nicht in irgendeiner Art und Weise einem oder mehreren dieser Ziele untergeordnet sind, kommen beim gesunden Tier eigentlich nicht vor. Jedes Verhalten, welches ein Lebewesen zeigt, kostet Energie. Auch im Schlaf verbrennt man Kalorien! Verbrauchte Energie muss wieder aufgefüllt werden – und dies ist in der freien Natur oft nicht so ohne weiteres möglich. Im Laufe der Evolution ist also neben den generellen Zielen/Motiven in der Verhaltensentwicklung auch noch die »Zweckgebundenheit« von Verhalten dazugekommen. Verhalten muss sich lohnen. Dies heißt, dass es entweder dazu dienen muss, eines der Ziele direkt zu erreichen, also den momentanen Zustand zu verbessern – oder dass es zumindest dazu führen muss, dass der momentane Zustand erhalten bleibt und sich nicht verschlechtert. Diese Zweckgebundenheit von Verhalten machen wir Menschen uns zum Beispiel bei der Hundeerziehung zunutze. Wir können einen Hund für ein bestimmtes Verhalten belohnen: Belohnung bedeutet etwas Gutes, also etwas, was einem hilft, die wichtigen Lebensziele zu erreichen. Mit anderen Worten: Die Belohnung motiviert den Hund, immer öfter das zu machen, was wir wollen. Wir können einen Hund für ein bestimmtes Verhalten bestrafen. Im wissenschaftlichen Sinne ist eine Strafe etwas, was die Wahrscheinlichkeit senkt, dass ein bestimmtes Verhalten gezeigt wird. Eine echte Strafe ist etwas, was das Erreichen der Lebensziele gefährdet. Schmerz gehört z.B. dazu, weil Schmerz für den Körper ein Warnsignal darstellt, welches aufzeigt, dass ein Schaden am Körper aufgetreten ist. Verletzungen will man vermeiden, denn sie bedeuten eventuell, dass man für eine bestimmte Zeit nicht auf die Jagd gehen kann. Dies wäre dann gleichbedeutend mit Hungern oder sogar Verhungern!

Weiter soll in diesem Buch nicht auf den Einsatz von Belohnung und Strafe und die Hundeerziehung generell eingegangen werden. Es soll nur am Rande noch erwähnt werden, dass die meisten der »Strafmaßnahmen«, die Menschen gegen Hunde ergreifen, keine Strafmaßnahmen im eigentlichen Sinne (also für den Hund) sind und demnach oft nicht die erwünschte Wirkung haben – leider aber häufig den Bereich der Tierschutzwidrigkeit erreichen.

Argwöhnisch wird die Annäherung der Konkurrenz beäugt.

Verhaltensstörungen

»Verhaltensstörung« ist ein Begriff, den Menschen gern benutzen, wenn sie bei Tieren problematische Verhaltensweisen beobachten oder schlicht Verhaltensweisen, die der Mensch nicht einordnen kann. Die allermeisten dieser so genannten »Verhaltensstörungen« sind keine Verhaltensstörungen im echten Sinne.

Verhaltensstörungen

Wissenschaftlich gesehen liegt eine Verhaltensstörung nur in zwei Fällen vor:

1. Wenn man ein Verhalten beobachten kann, welches nicht zum normalen Verhaltensrepertoire der Tierart gehört (ein fliegender Haushund wäre in diesem Sinne verhaltensgestört).
2. Wenn mit dem Verhalten Bedarfsdeckung und Schadensvermeidung auf Dauer nicht sichergestellt werden. Hier fallen Hunde hinein, die zwar ein Verhalten aus ihrem normalen Repertoire zeigen (z.B. auch Aggressionsverhalten), aber dieses in einer Ausprägung oder Art und Weise, die für den Hund in der Natur letztendlich den Tod bedeuten würde.

ECHTE VERHALTENSSTÖRUNGEN ▶ Ein Hund, der mit allen Lebewesen und in jeder erdenklichen Situation sofort einen Ernstkampf beginnt, wäre im wissenschaftlichen Sinne verhaltensgestört: Er würde in der Natur sehr schnell sterben, da er sich entweder völlig verausgaben würde und sich keine Zeit zur Nahrungsaufnahme gönnen könnte, und/oder er würde sehr schnell an einen stärkeren Gegner geraten, der ihn töten könnte.

Man kann sagen, dass bei echten Verhaltensstörungen das Verhalten nicht mehr zweckgebunden abläuft. Ab wann aber ein Verhalten aus dem normalen Verhaltensrepertoire nun als Verhaltensstörung gelten muss oder kann, lässt sich nicht eindeutig definieren. Übergänge von normalem zu gestörtem Verhalten laufen oft nicht eindeutig ab.

STRESSBEDINGTE VERHALTENSSTÖRUNGEN ▶ Häufig entwickeln sich Verhaltensstörungen aus andauernden Stresssituationen für den Hund heraus. Die Hunde versuchen, einer für sie ungünstigen und stressigen Situation, so gut es geht, auszuweichen. Im Versuch des Ausweichens probieren sie verschiedene Verhaltensweisen aus und eine oder einige erweisen sich kurzfristig als nützlich. Diese werden dann vorzugsweise gezeigt und es setzt sich ein Kreislauf in Gang, der immer mehr zu Ungunsten des Hundes abläuft, da sich ja häufig an der eigentlichen Stresssituation nichts ändert.

MEDIKAMENTÖSE BEHANDLUNG ▶ Es wurde in den letzten Jahren auch bei Haustieren (Hund und Katze) versucht, Medikamente gegen Verhaltensstörungen zu etablieren. Dabei handelte es sich in der Regel um Medikamente für Menschen, die dann auch an Hund oder Katze ausprobiert wurden. Einige der häufigeren echten Verhaltensstörungen, die man gern mit Medikamenten behandeln würde, sind die so genannten Stereotypien. Hierbei zeigen die Tiere bestimmte Verhaltensweisen immer wieder und wieder, rund um die Uhr, und können sich dabei sogar selbst schädigen. Beim Hund kennt man z.B. die »Akrale Leckdermatitis« – die Hunde belecken und benagen den mittleren bis unteren Bereich ihrer Vordergliedmaßen unter Umständen bis auf den bloßen Knochen. In den frühen 90er-Jahren haben US-amerikanische Forscher dagegen ein recht teures und umständlich zu verabreichendes Medikament ausprobiert, welches aber eine über 90%ige Heilungschance brachte – solange es regelmäßig verabreicht wurde. Bei Absetzen dieses Medikamentes kamen allerdings bei allen Hunden, außer bei einem, die Stereotypien wieder zum Vorschein. Der eine Hund, der tatsächlich »geheilt« war, hatte mitten in der Medikamentenstudie seine Lebensbedingungen verändern müssen – und dies anscheinend zu seinem Vorteil. Die früheren Besitzer konnten ihn nicht mehr behalten und gaben ihn an neue Besitzer ab. So einfach wie eben dargestellt sind natürlich weder die Entstehungsgeschichten noch die Therapieverläufe der meisten Stereotypien. Es sollte nur grundlegend gezeigt werden, dass echte Verhaltensstörungen beim Hund vorkommen können und dass die Entstehungsgeschichten von Verhaltensstörungen sehr komplex und vielschichtig sind – und genauso komplex müssen dann auch Therapieansätze sein und sollten bzw. dürfen sich nicht auf die Gabe von Pillen reduzieren. Für die Entstehung von echten Verhaltensstörungen spielen neben den aktuellen Lebens- und Stressbedingungen angeborene Komponenten (angeborene Stresstoleranz?) und erlernte Komponenten (niedrige Stresstoleranz aufgrund von Mängeln in der Sozialisationsphase?) eine Rolle. Damit sind wir dann wieder bei der Fragestellung »Nature vs. Nurture« von Seite 126 dieses Buches.

Kontrolle und Übersicht über die Umwelt reduzieren Angst und Stress.

Zweckbestimmtes Verhalten

Alles Verhalten, was Hunde also jemals in ihrem Leben zeigen (soweit es keine echten Verhaltensstörungen sind), ist zweckbestimmt und unterliegt bestimmten Emotionen und Motiven. Genau dies ist der Unterschied zu Descartes' seelenlosen instinktgebundenen »Tiermaschinen« des 17. Jahrhunderts – wenn man einmal davon absieht, dass der Begriff »Instinkt« in der heutigen Verhaltensbiologie auch nicht mehr benutzt wird, weil er zu einseitig und eng ist und genau wie der Triebbegriff zu wenig Spielraum für die vielen Faktoren lässt, die Tierverhalten beeinflussen. Es gibt warnende Stimmen, die meinen, auch mit diesen Thesen über Motive, Zweck und Egoismus des Individuums wird der Hund (und mit ihm alle anderen Tiere) fast genauso instrumentalisiert wie von Descartes und es wird nicht genug berücksichtigt, dass es sich wirklich um ein Individuum mit Absichten, Ideen und Emotionen handelt. Dem kann man entgegenhalten, dass alle neuen wissenschaftlichen Erkenntnisse über Tierverhalten und Erkenntnisse über die Funktion des Nervensystems mehr und mehr eine Aussage stützen: Der Unterschied zwischen Mensch und Tier zum Beispiel in der Hirnfunktion, im Lernen und im Umgang mit Emotionen ist gar nicht so groß wie vor 20 Jahren noch gedacht. Die Frage, wo fängt Menschsein an und wo hört Tiersein auf, wird sicher nicht zufriedenstellend von der Biologie beantwortet werden können, son-

Zwei gleichgeschlechtliche Hunde in einem aggressiv ausgetragenen Konflikt – Schadensvermeidung stellt auf beiden Seiten eines der Motive für das aktuelle Handeln dar.

dern eher von der Philosophie. Und in diesem Sinne muss man bei der Suche nach den grundlegenden biologischen und in der Evolution entwickelten Motiven und Lebenszielen beim Mensch und bei den Tieren wohl die gleichen Fragen stellen und wird bei den einzelnen Tierarten (einschließlich Mensch) annähernd gleiche Antworten erhalten.

▶ Motivation statt Trieb

Zusammenfassend lässt sich sagen, dass Hunde Motive und Emotionen haben und dass sie sicherlich auch Verhaltensweisen zeigen, die umgangssprachlich als Täuschung oder Lüge bezeichnet werden können – wobei dafür wissenschaftlich auf der Basis der Neurophysiologie und des Lernverhaltens dann andere Erklärungen vorhanden sind. Dieses sehr enge Triebmodell der 70er-Jahre des zwanzigsten Jahrhunderts sollte aber im Umgang mit Hunden keine Verwendung mehr finden.

Zum Teil wird auch gerade in der Hundewelt heute der Begriff »Trieb« in einer weiter gefassten Definition mit dem Begriff »Motivation« gleichgestellt. Anscheinend fällt es wirklich schwer, sich von diesem Begriff an sich zu verabschieden. Erschwert wird dies aber auch, weil zum Beispiel gerade in der angelsächsischen Literatur der Begriff »drive« (= Trieb) in solch einer etwas weiter gefassten Definition Verwendung findet.

Der so genannte Wehrtrieb ist dann eine der vielen Komponenten des Aggressionsverhaltens, nämlich diejenige, welche in einer Situation der Angst, Unsicherheit oder empfundenen Bedrohung gezeigt wird – mit dem Ziel der Schadensvermeidung.

Der »Beutetrieb« ist besser als Jagdverhalten zu bezeichnen, welches im natürlichen Umfeld mit dem Ziel der Bedarfsdeckung gezeigt wird, wenn die entsprechende Situation und Emotion (Hunger, Anblick der Beute etc.) eingetreten ist. Dabei kann man für den Wolf sagen, dass er durchaus auch auf die Jagd geht, wenn nach physiologischen Gesichtspunkten noch kein echtes Hungergefühl eingetreten ist. Jagdglück lässt sich nicht im Voraus bestimmen – darum nutzt man lieber einmal öfter eine sich bietende Chance als einmal zu wenig. Beute lässt sich ja auch für schlechte Zeiten vergraben! Hierher rührt, dass unsere Hunde auch Jagdverhalten zeigen, wenn zwar der Anblick der Beute da ist, das Ganze aber zwei Stunden nach dem letzten Mahl stattfindet. Und hierher rührt auch die Tatsache, dass man Elemente des Jagdverhaltens über einen »Beutereiz« bzw. »ein Beutesignal« für andere Zwecke (z.B. im Schutzdienst oder in der Hütearbeit) nutzen und trainieren kann.

Aggressionsverhalten

Wer heute noch den Triebbegriff für den Umgang mit Hunden benutzt, sollte zumindest das grundlegende Wissen über Motivationen damit verbinden. In diesem Sinne gibt es dann nämlich nicht »einen Aggressionstrieb«, sondern nur ein komplexes Aggressionsverhalten, welches durch eine Vielzahl von individuellen Umweltreizen und Signalen ausgelöst und modifiziert wird und darüber auch trainierbar ist.

Rangordnung

▸ Sozialkontakte sind wichtig

Es wurde weiter vorne schon mehrfach betont, dass Hunde obligat soziale Lebewesen sind – dass Sozialkontakt also etwas Überlebenswichtiges für Hunde darstellt. In diesem Sinne kann man das Bedürfnis und das Streben eines Hundes nach Sozialkontakt auch in die Bereiche »Bedarfsdeckung« und »Schadensvermeidung« gleichermaßen einordnen. Wie bei der Welpenentwicklung schon gesagt, können Hunde eine enge soziale Bindung nicht nur zu Angehörigen der eigenen Art, sondern auch zu Angehörigen anderer Arten eingehen, wenn die entsprechende Sozialisation stattgefunden hat. In unserer heutigen Zeit ist es für die meisten Hunde als normal anzusehen, dass sie häufiger in engen sozialen Bindungen zu Lebewesen einer anderen Art leben (den Menschen) als zu Angehörigen der eigenen Art.

DAS MENSCH-HUND-RUDEL ▸ Viele Probleme im Zusammenleben dieses gemischten Rudels Mensch-Hund rühren daher, dass Menschen nicht bedenken, dass der Hund dabei immer ein Hund bleibt: Hunde sind zwar sehr anpassungsfähig – dank ihrer vielfältigen, variablen und fein differenzierten Kommunikationsmöglichkeiten –, aber sie können ihre Umwelt und individuelle Situationen immer nur als Hund bewerten und nur als Hund reagieren. Dies bedeutet zum Beispiel, dass vom Hund aus in diesem gemischten Rudel Mensch-Hund immer eine Rangordnung etabliert werden wird – selbst wenn der dazugehörige Mensch daran nicht aktiv mitarbeitet!

▸ Sozialstruktur

Hunde bringen als obligat soziale Lebewesen alle Voraussetzungen mit, um in einer sozialen und hierarchischen Struktur zu leben:

- ▸ Eine ausgefeilte variationsreiche Kommunikation.
- ▸ Die Bereitschaft zur Einfügung in soziale Systeme, die auf der Basis von Dominanz und Unterordnung etabliert werden.

Zur Bedarfsdeckung gehört aber nicht nur das Leben in der Gruppe an sich, sondern der Hund muss auch wissen, wo er in dieser Gruppe steht. Wenn der Mensch/Besitzer hier nicht aktiv mitarbeitet, damit der Hund seinen Platz innerhalb der Gruppe einnehmen kann, wird sich unter der Regie des Hundes trotzdem eine bestimmte Rangordnung etablieren – und die wird dann unter Umständen anders ausfallen, als dem Menschen lieb ist.

▸ Etablierung einer Rangordnung

Bevor erklärt wird, wie das Etablieren und Halten einer sozialen Hierarchie, einer Rangordnung, vonstatten geht, soll zunächst einmal beschrieben werden, warum das Etablieren einer Rangordnung für Hunde wichtig ist. Welche Gründe gibt es, dass diesem Element des Sozialverhaltens solch eine Bedeutung beigemessen wird?

Die Gründe sind, wie immer, in der Evolution vom Wolf und der Domestikation vom Wolf zum Hund zu suchen – und auch hier kann man sagen, dass die Evolution in Millionen von Jahren ein fein differenziertes, ausgeklügeltes und im Hinblick auf Bedarfsdeckung und Schadensvermeidung bestens etabliertes System des Zusammenlebens entwickelt hat. Der Mensch hat dieses Sozialsystem letztendlich mit dem Wolf zusammen domestiziert und leicht modifiziert (und tut dies auch heute noch). Auch der Mensch stammt, wie der Hund, von einer Art sozial lebendem Laufraubtier (im weitesten Sinne) ab. Auch für unsere Vorfahren nimmt man an, dass soziale Hierarchien in den Gruppen bestanden haben. Die prähistorischen Menschen werden sicher keine einzelnen Wölfe/Hunde gehalten sondern auch den Wolf in Rudeln domestiziert haben. Andere Gedankenmodelle würden mit den aus Grabfunden entwickelten Vorstellungen über die Domestikation des Hundes kollidieren. So viel also zur »Domestikation« des Sozialverhaltens der Wölfe/Hunde. Aber warum hat es sich in der Evolution schon so perfekt etabliert?

Hunde sind obligat soziale Lebewesen.

LEBEN IN DER GRUPPE ▸ Das Leben in der Gruppe hat Vor- und Nachteile. Vorteilhaft ist zum Beispiel, dass man gemeinsam größere und wehrhaftere Beutestücke erjagen kann als allein. Vorteilhaft ist auch, dass man Feinden in einer Gruppe besser Paroli bieten kann: Die Chance des Einzenen, einen feindlichen Angriff zu überleben, steigt. Nachteilig ist, dass man bei bestimmten Ressourcen viele Konkurrenten hat, die auch noch eng mit einem zusammenleben. Nachteilig ist aber auch, dass man als größere Gruppe für Feinde schneller aufzuspüren ist.

In diesem Zusammenhang müssen weitere biologische Begriffe definiert werden.

▸ Die Individuelle Fitness

Im Kapitel Arterhaltung oder Egoismus wurden die biologischen Hauptziele »Fortpflanzung, Bedarfsdeckung und Schadensvermeidung« erwähnt. Hierfür gibt es einen zusammenfassenden Fachbegriff aus der Biologie: Individuelle Fitness. Genau genommen ist mit »Individueller Fitness (IF)« gemeint, wie viele Nachkommen ein bestimmtes Tier in seinem Leben hat d.h., wie hoch der Anteil der Gene eines bestimmten Tieres am gesamten Genpool der nächsten Generation sein wird. Ein Tier mit einer hohen IF hat viele Nachkommen (nicht nur gezeugt, sondern auch aufgezogen). Dieses Tier hat damit sehr erfolgreich Fortpflanzung, Bedarfsdeckung und Schadensvermeidung betrieben. »Fitnessbegriffe« gibt es noch weitere in der Verhaltensforschung, aber außer auf die IF möchte ich hier auf keine weiteren eingehen, da sonst der Rahmen des Buches gesprengt werden würde. Für interessierte Leser werden im Anhang Bücher genannt, die das Thema weiter vertiefen. Die auf S. 151 beschriebene »Zweckgebundenheit von Verhalten« kann dann auch mit »Zweckgebunden zur Steigerung der IF« umschrieben werden.

KOSTEN-NUTZEN-RECHNUNG ▸ Ein weiterer biologischer Begriff ist die »Kosten-Nutzen-Rechnung«, die im Grunde schon bei der Erklärung der »Zweckgebundenheit« mit abgehandelt, aber noch nicht namentlich erwähnt wurde. Wie bereits erwähnt, wird alles Verhalten, welches ein Tier jemals zeigt, danach bemessen, ob es seinen Zweck der Schadensvermeidung bzw. Bedarfsdeckung erfüllt. Man kann auch sagen: »Ob es seinen Zweck der Steigerung der IF erfüllt.« Für jede individuelle Situation, in die ein Wolf oder Hund nun zeit seines Lebens gerät, wird es selten nur eine einzige Verhaltensweise geben, die gerade in diesem Moment angebracht ist, um die IF zu steigern. In der Regel werden mehrere mögliche bzw. angebrachte Verhaltensweisen zur Debatte stehen – und der Wolf oder Hund muss sich dann entscheiden, welche davon in der jeweiligen Situation die beste ist. In jeder individuellen Situation wird dazu eine kurze »Kosten-Nutzen-Rechnung« vom Tier abgewickelt: Es kostet Energie, ein bestimmtes Verhalten zu zeigen – was also wäre der momentane Nutzen, genau dieses Verhalten zu zeigen – und wäre der Nutzen unter Umständen sogar höher als die Kosten? Das Ganze natürlich immer im Hinblick auf die Steigerung der IF gesehen. Dies gilt zum einen für jedes individuelle Tier – genauso aber für eine ganze Tierart.

Kosten-Nutzen-Rechnung

Es handelt sich dabei um Vorgänge, die im Bruchteil einer Sekunde im Gehirn ablaufen. Mit dem heutigen Wissen über die Neurophysiologie hat man auch schon recht genaue Vorstellungen, was da biochemisch und elektrisch in einzelnen Nervenzellen und an einzelnen Synapsen abläuft, um nachher das Verhalten zu erzeugen, welches dann am Hund beobachtet werden kann. Diese Kosten-Nutzen-Rechnungen laufen nachweislich auch in unseren Gehirnen ab – auch wenn es uns Menschen gar nicht bewusst wird.

DIE STEIGERUNG DER IF ▸ Jedem Tier geht es um die Steigerung der IF in seinem individuellen Lebensraum. Wenn nun aber in einem bestimmten Lebensraum genau die Tiere eine hohe IF haben, die eine ganz bestimmte Kosten-Nutzen-Rechnung zugunsten eines ganz bestimmten Verhaltens anstellen, dann wird sich dies auf Dauer auf das Verhaltensrepertoire der gesamten Population auswirken – und damit ist man bei der Evolution. Es pflanzen sich nämlich die Tiere erfolgreich fort, die dieses bestimmte Verhalten im Verhaltensrepertoire haben, und die anderen, die das bestimmte Verhalten nicht haben, zeugen keine Nachkommen mehr (oder immer weniger und weniger, um genauer zu sein). So entwickeln sich dann ganze Lebens- und Überlebensstrategien von Tierarten. Die einen bilden als Fluchttiere große Sozialverbände und ziehen darin ihre Jungen groß (z. B. bestimmte Rinder- und Pferdeartige); die anderen Fluchttiere leben zwar ohne Nachwuchs in der lockeren Gruppe, der Nachwuchs selbst wird dann aber »als Single« großgezogen und versteckt sich allein im hohen Steppengras (bei einigen Gazellenarten) vor Raubfeinden. Raubfeinde wiederum können in Rudeln mit Haremsstruktur (Löwen), als Einzelgänger (Füchse) oder in gemischtgeschlechtlichen Rudeln (Wölfe) leben, um nur einige Beispiele zu nennen. Immer haben sich diese unterschiedlichen Sozialsysteme bzw. Lebenssysteme in der Evolution entwickelt und etabliert unter der Prämisse, den in ihnen lebenden Tieren eine größtmögliche Chance auf eine hohe IF im jeweiligen Lebensraum zu ermöglichen.

▸ Das fein differenzierte Sozialsystem

Innerhalb der möglichen Sozialverbände bzw. Formen des Lebens und Zusammenlebens haben sich im Laufe der Evolution dann weitere Strukturen entwickelt, um das Überleben des Einzelnen und die Steigerung der IF zu sichern. Für die Wölfe gehört dazu das fein differenzierte Sozialsystem mit der hierarchischen Struktur. Es macht überlebenstaktisch nämlich keinen Sinn, auf der einen Seite in einer größeren bis großen Gruppe zu leben, auf der anderen Seite aber zum Beispiel andauernd untereinander ernstfallmäßig zu kämpfen. Es macht auch keinen Sinn, als große Gruppe zwar durchaus theoretisch in der Lage zu sein, einen Elch zu erlegen – dies auf der anderen Seite aber nicht zu schaffen, weil jeder in seine bevorzugte Richtung zur Jagd aufbricht, ohne auf

Nur gemeinsam lohnt es sich, ein großes Beutetier zu jagen.

die anderen zu achten. Mit anderen Worten: Wenn eine große Gruppe das Überleben des Einzelnen sicherstellen soll, muss sie sich auch eine Struktur des Zusammenlebens geben, bei der dies möglich ist. Für das soziale und gut bewaffnete Laufraubtier Wolf hat sich so in der Evolution die Sozialstruktur etabliert, wie wir sie vom heutigen Wolf und auch von unseren heutigen Hunden kennen. Dabei haben sich heutiger Wolf und heutiger Hund von ihrem gemeinsamen prähistorischen Vorfahren, den jeweiligen Gegebenheiten folgend, sicherlich leicht entfernt. Nach wie vor gibt es aber auch viele Gemeinsamkeiten und Übereinstimmungen im Sozialverhalten von Hund und Wolf.

Man kann auch hierbei sagen, dass einige zigtausend Jahre Domestikation nicht ausreichen, um ein Sozialverhalten und Sozialsystem zu kippen, an welchem die Evolution einige Millionen Jahre gearbeitet hat. Dazu kommt, dass die meisten bis eigentlich alle der sozialen Verhaltensweisen des Hundes ja auch im Zusammenleben mit dem Menschen gefordert und/oder nützlich sind.

GENETISCHE VERANKERUNG DER HIERARCHIEBEDÜRFNISSE ▶ Wir können also davon ausgehen, dass das Bedürfnis des heutigen Hundes nach Leben in einer sozialen Hierarchie genetisch verankert ist, genauso wie die Fähigkeit, die einzelnen Formen und Elemente des Sozialverhaltens, der Kommunikation etc. zu zeigen. Wann, wo und wie nun einzelne Elemente dieses Verhaltens (z.B. Drohverhalten, Unterordnung, Angriff) gezeigt werden und was diese Elemente bei anderen Mitgliedern der Gruppe zu bedeuten haben, dies wird in der Sozialisationsphase gelernt, wie auf S. 137 schon erklärt. Wenn ein Hund allerdings nicht die angeborenen Fähigkeiten hätte, die Verhaltensweisen überhaupt zu zeigen, hätte er auch Probleme mit dem Lernen. Füchse zum Beispiel sind eher Einzelgänger, die nur kurz zur Paarungszeit mit einem anderen Fuchs zusammenleben. Die Jungen werden von der Mutter allein großgezogen. Füchse haben ein viel weniger feines und differenziertes Kommunikations- und Sozialverhalten als Wölfe oder Hunde. Es hat sich in der Evolution nicht entwickelt bzw. etabliert, weil es schlicht und ergreifend Energieverschwendung bedeutet hätte. Ein Fuchs könnte also nie lernen, so fein differenziert wie ein Wolf oder Hund zu kommunizieren.

RUDELGRÖSSE ▶ Auch Wölfe müssen nicht unbedingt in einem großen Rudel leben. Je nach Umweltbedingungen (z.B. Nahrungsangebot) können Wölfe auch nur zu zweit leben: Rüde und Fähe. Kurzfristig wäre die Gruppe dann größer, solange der Nachwuchs noch bei ihnen leben würde. Wenn es die Umweltbedingungen erlauben/nötig machen, würde der Nachwuchs aber auch permanent bei ihnen bleiben und Rüde und Fähe hätten die Keimzelle für ein Rudel gelegt. In der Natur sind die Mitglieder eines Wolfsrudels also in der Regel miteinander verwandt. Unter bestimmten Umständen müsste der Nachwuchs ab einem konkreten Alter (in der Regel ab der Geschlechtsreife) ansonsten das Rudel verlassen. Dort, wo kleine und schnelle Beutetiere in geringer Dichte vorkommen, leben auch Wölfe zumeist nur zu zweit und teilen sich ein großes Territorium (z.B. in den Polargebieten). Dort wo viele Beutetiere vorkommen, werden die Territorien kleiner und/oder die Gruppen größer. Dort wo große und wehrhafte Beutetiere vorkommen, sind die Gruppen allemal größer.

HAUSHUNDE SIND SEHR ANPASSUNGSFÄHIG ▶ Unser Haushund kann sich zumeist nicht aussuchen, in welcher Gruppengröße er lebt. Dank seiner genetisch verankerten Flexibilität, was dies anbelangt, kann er aber grundsätzlich in der Großfamilie genauso gut klarkommen wie im Zusammenleben mit einem Single. Und wenn man das Wissen über Normalverhalten bei Wölfen und Hunden bedenkt, muss man auch Folgendes sagen: Dank seiner Flexibilität kommt er auch damit klar, unter Umständen permanent auf seinem Territorium Angehörige fremder sozialer Gruppen zu treffen und sich mit diesen nicht jedes Mal gleich auf einen Ernstkampf einzulassen. Dabei spielt aber auch wieder das Phänomen der Kosten-Nutzen-Rechnung eine Rolle, welches auf S. 189 ff. für diesen Fall noch beschrieben wird.

Ranganmaßende Geste eines Menschen gegen einen Hund.

Die hierarchische Struktur

Wie muss man sich nun die soziale Struktur eines Wolfsrudels oder einer Hundegruppe vorstellen? Früher ging man von sehr linear von oben nach unten organisierten Gruppen aus und benannte die möglichen Rangpositionen nach dem griechischen Alphabet: »Alpha« war der Chef; dann kamen »Beta«, »Gamma«, »Delta« usw., bis zum Schluss ganz unten »Omega« sein Dasein fristete. Bei Wölfen beschrieb man zudem noch zwei eigenständige linear organisierte Gruppen: die der weiblichen und die der männlichen Tiere. In jeder dieser Gruppen gab es ein Alphatier und die beiden zusammen waren dann das »Chefpärchen« des Rudels. Die Forschung hat in den letzten 10–20 Jahren auch hier das frühere Weltbild über Wolfs- und Hundeverhalten etwas ins Wanken gebracht. Die streng linear von oben nach unten durchorganisierte Gruppe gehört der Vergangenheit an – was die Wölfe wie die Hunde betrifft! Dabei gilt dies bei Hunden sowohl untereinander als auch im Zusammenleben mit den Menschen. So einfach wie gedacht organisieren Wölfe und Hunde ihr soziales Miteinander nämlich nicht!

Der soziale Status hat in solchen gemischten Gruppen wenig mit der Körpergröße zu tun.

INDIVIDUELLE RANGBEZIEHUNGEN ▸ Eine Rangbeziehung ist grundsätzlich immer etwas, was nur zwischen zwei Individuen etabliert werden kann bzw. etabliert wird, und nicht etwas, was ein Lebewesen pauschal gegenüber einer ganzen Gruppe herstellen/einnehmen kann. Das bedeutet: Alpha hat eine bestimmte Rangbeziehung zu Beta und eine bestimmte Rangbeziehung jeweils zu Gamma und Delta. Beta hat wieder individuelle Rangbeziehungen jeweils zu Alpha, Gamma oder Delta. Dabei muss aber nicht unbedingt eine lineare Rangfolge herauskommen wie: »Wenn Alpha > Beta und Beta > Gamma und Gamma > Delta dann auch Beta > Delta.« Es könnte nämlich sein, dass Beta zu Delta und Gamma eine gleiche Rangbeziehung hat, unabhängig davon, wie Gamma und Delta sich untereinander einigen. Rangbeziehungen sind auch nicht fest über den Tag definiert. Zwei Wölfe Alpha und Beta können morgens eine bestimmte Rangbeziehung haben und nachmittags eine andere. Man spricht hier von zeit- und situationsabhängigen Rangbeziehungen, die sich, wenn nötig, im Zehnminutentakt über den Tag ändern – und situationsabhängig auch durchaus umkehren können. Situationsabhängig bedeutet z.B. auch, dass zwischen Alpha und Beta eine unterschiedliche Rangbeziehung herrscht, je nachdem, ob Gamma oder Delta anwesend sind oder nicht. Wenn man dann eine Gruppe von Wölfen oder Hunden beobachtet, lässt sich so aus der Summe aller beobachteten einzelnen Zweierbeziehungen in einem beobachtetem Zeitraum (z.B. 24 Stunden) eine Übersicht über die hierarchische Struktur der ganzen Gruppe gewinnen. Man kann dann sagen: »Der Wolf mit der grauen Schnauze ist bei 85 % aller seiner Zweierbeziehungen der dominante (= der ranghöhere) und der Wolf mit den weißen Ohren ist nur bei 65 % aller seiner Zweierbeziehungen der dominante – also ist der Wolf mit der grauen Schnauze aus der Summe aller Zweierbeziehungen heraus als Alpha des Rudels zu bezeichnen.« Dies bedeutet aber nach heutigem Wissensstand auch, dass man bei der Beobachtung des Rudels Situationen sehen wird, wo dieser Alpha durchaus als Unterlegener hervorgehen kann.

Zwei Individuen etablieren eine Rangbeziehung.

DIE ZWEIERBEZIEHUNG ▸ Aus dem eben Gesagten wird klar, dass man sich »Rang« oder »Dominanz« nicht einfach aus dem Regal nehmen kann wie ein Buch oder damit geboren wird wie mit einer bestimmten Haarfarbe. Aussagen wie: »Mein Hund ist so dominant«, sind demnach falsch.
Kein Hund ist aus sich heraus dominant oder subdominant. Attribute wie

Dominanz oder Subdominanz können immer nur für die Partner in einer Zweierbeziehung gelten. Dabei kann dann auch nicht der eine Partner einfach sagen: »Ich bin Chef«, sondern es gehört immer auch der andere dazu, der sagt: »Ja, du bist Chef«. Wenn der andere dies nicht sagt, besteht die Möglichkeit einer Auseinandersetzung um die »Chefrolle« – und die kann dann auch aggressiv ausgetragen werden.

Auf das Mensch-Hund-Rudel übertragen bedeutet dies, dass ein dem Menschen gegenüber dominanter Hund diese Position innehat, weil sein Mensch in entscheidenden Momenten nicht oder nicht deutlich genug gesagt hat, dass er eigentlich der Chef ist.

▸ Das sozial expansive Verhalten

Wie zeigt man nun Dominanz und warum wird die dominante Position überhaupt angestrebt? Um es gleich vorweg zu sagen: Angestrebt wird sie von allen Hunden. Von einigen stärker als von anderen – aber die soziale Strickleiter nach oben klettern wollen sie alle. Dieses Verhalten bezeichnet man als sozial expansives Verhalten und geht davon aus, dass es ebenfalls in den Grundlagen angeboren ist.

FORTPFLANZUNG – EIN PRIVILEG ▸ Individuelle Fitness bedeutet, Nachkommen zu produzieren und erfolgreich aufzuziehen. Wenn alle Wölfe sich aber zum Beispiel ungebremst fortpflanzen würden, wäre ihr Lebensraum schnell zu klein und es könnte letztendlich keiner mehr überleben. Darum haben sich hier in der Evolution Kontrollmechanismen entwickelt, die sicherstellen sollen, dass sich nur diejenigen Tiere fortpflanzen, deren Nachkommen insgesamt eine gute Überlebenschance haben. Dies bedeutet: Wer es schafft, innerhalb seiner sozialen Gruppe eine hohe soziale Stellung einzunehmen, der gibt diese Fertigkeiten auch anteilig an seine Nachkommen weiter. Dabei ist hier der wichtige Punkt, dass mit diesen »Fertigkeiten« nicht einfach nur Muskelstärke und Bereitschaft zum Beißen gemeint sind. Ganz im Gegenteil: Soziale Kompetenz und durchaus auch Kompetenz bei der Jagd spielen eine sehr wichtige – eigentlich die wichtigste – Rolle innerhalb dieser Fertigkeiten.

Der Jüngere zeigt aktive Demut gegen den Älteren: Schnauzenlecken bei ganz zurückgelegten Ohren (submissive Körpersprache).

Imponierverhalten auf beiden Seiten – der linke Hund ist etwas sicherer als der rechte.

dere Tiere haben das Recht, ihre Meinung zu sagen und ihren Status zu zeigen. Ob sie damit Erfolg haben, ist allerdings eine andere Frage. Wie bei den ranghohen geht es auch bei den rangniederen um Ressourcen. Und da die rangniederen insgesamt weniger Rechte auf den Zugriff auf bestimmte Ressourcen haben, machen sie in der Regel ihren Anspruch zwar seltener, dann aber umso massiver deutlich; z.B. wenn sie meinen, jetzt einen bestimmten Knochen unbedingt fressen zu müssen. Der Hund, der ein Familienmitglied anknurrt, welches nach seiner Futterschüssel langt, muss also nicht unbedingt seinen Anspruch auf einen generellen hohen Rang innerhalb des »Familienrudels« deutlich machen. Vielleicht hat er auch nur ganz massive Angst vor dem Verlust dieser einen, ihm gehörenden Ressource und zeigt diese Angst nun deutlich und mit dem Hinweis, bis zum Äußersten zu gehen, wenn nötig. Hier wäre für die Beurteilung der Gesamtsituation weiter wichtig, welche Informationen die Körpersprache des Hundes gibt (Angst, Unsicherheit, Imponieren?). Hierzu mehr im Kapitel »Kommunikation« (S. 180).

Wie lässt sich nun erklären, dass unsichere Hunde/Wölfe häufiger rangzeigendes Verhalten zeigen als sichere? Zunächst einmal: Ein Charakterattribut wie »sicher« oder »unsicher« ist nicht gleichbedeutend mit »ranghoch« bzw. »rangnieder«. Man kann also nicht sagen, dass ein ranghohes Tier automatisch auch ein sicheres Tier ist und umgekehrt. Gerade im Zusammenleben mit dem Menschen, der die Hundesprache eben nicht perfekt beherrscht, sieht man häufiger auch unsichere Hunde an der Spitze des Familienrudels. Sozusagen notgedrungen müssen sie diese Rolle übernehmen, weil der Mensch sie ihnen unbewusst zschiebt. Hier ist das Risiko von aggressiven Verhaltensweisen zur Sicherung von Ressourcen auch größer. Unsichere Hunde drohen und beißen in der Regel schneller als sichere. Wer viel hat, hat viel zu verlieren. Dies kann man sicher uneingeschränkt auch für die Position innerhalb der Hierarchie einer sozialen Gruppe sagen. Aus diesem Grund ist dann das vorher Gesagte auch einleuchtend, dass unsichere Hunde häufiger rangzeigendes Verhalten überhaupt zeigen als sichere. Ein sicherer Charakter weiß, was er kann und welchen Status er hat – er muss nicht permanent schreien, um es auch allen anderen zu sagen. Der unsichere ist derjenige, der schnell laut wird – und dafür gibt es im Tierreich nicht nur bei Wölfen und Hunden viele Beispiele.

▸ Rangzeigende Verhaltensweisen

Ist Aggression eine rangzeigende Verhaltensweise? Eher nicht! Bedenken Sie: Je größer die Bereitschaft zu offensiv aggressiven Handlungen, desto größer das Verletzungsrisiko. Dieser Punkt wird im Kapitel »Aggressionsverhalten« (siehe S. 200) auch noch einmal intensiver abgehandelt.

Welches sind dann rangzeigende Verhaltensweisen – welche Attribute zeichnen das ranghohe, das »Alphatier« aus?

IMPONIERVERHALTEN ▸ Zum rangzeigenden Verhalten als solchem gehört sicher das Imponierverhalten, welches im Kapitel »Kommunikation« genauer beschrieben wird. Aber dabei muss es sich nicht um ausschweifende, laute und arbeitsaufwendige Bewegungsfolgen handeln. Imponierverhalten stellt einen Übergang zum Drohverhalten dar – man kann auch sagen, dass einige Elemente des Drohverhaltens beim Imponieren in einem leicht anderen Kontext gezeigt werden: z.B. sich etwas größer machen, als man eigentlich ist, Fixieren mit den Augen usw. Aber auch deutliches Urinmarkieren kann dazugehören. Deutliches Drohen als Steigerung des Imponierens stellt im entsprechenden Kontext ebenfalls rangzeigendes Verhalten dar. Dabei muss man bedenken, dass »deutlich« von Hund zu Hund etwas ganz anderes ist als von Hund zu Mensch. Wir übersehen häufig die feineren aber in der Hundesprache dennoch sehr aussagekräftigen Signale. Und beim Zeigen von Imponierverhalten muss wieder an die sehr wichtige frühere Aussage erinnert werden: Nur weil einer sagt, er ist der Chef, ist er es noch lange nicht. Der Angesprochene muss dies nämlich auch bestätigen. Wenn Hund A gegenüber Hund B imponiert, kann Hund B ohne weiteres zurückimponieren – und die Diskussion dauert noch ein wenig, bevor klar ist, wer hier dominant und wer subdominant ist.

Manchmal muss man deutlich Zeichen setzen...

Kommunikation beginnen und Kommunikation richtig beenden – die Attribute des Ranghöheren.

ATTRIBUTE DES ALPHATIERES ▶ Das Hauptattribut des ranghohen Tieres ist sicher sein Recht, alles zu tun und zu lassen, was es will. Das ranghohe Tier hat alle Rechte auf oder allen Zugang zu Ressourcen, wann immer es will. Das ranghohe Tier ist dasjenige Individuum, das soziale Interaktionen initiiert und/oder beendet und das insgesamt das soziale Miteinander innerhalb der Gruppe regelt. Das ranghohe Tier ist auch für weitere Aktivitäten der Initiator wie den Angriff auf Feinde oder die Jagd. Ein weiteres Missverständnis, welches dabei ausgeräumt werden muss: Viele Menschen denken nach wie vor, dass sie sich ihrem Hund gegenüber als Chef beweisen, wenn sie ihn ausschimpfen, körperlich züchtigen oder zu etwas zwingen. Ausschimpfen und die Züchtigung sind aggressive Handlungen gegenüber dem Hund. Der Hund fasst sie jedenfalls so auf! Wie war das eben mit dem unsicheren Tier, welches häufiger und schneller droht und beißt? Wollen Sie Ihrem Hund gegenüber als unsicher dastehen? Da Ihr Hund ja angeborenerweise sozial expansiv ist und anscheinend auch schon Interesse an einer höheren Position ihnen gegenüber angemeldet hat (denn sonst würde solch eine Konfliktsituation insgesamt ja nicht entstehen), wäre es sicher nicht günstig, sich auch noch als unsicherer Charakter zu zeigen, dem der Hund sozusagen auf der Überholspur den Rang streitig machen kann.

Einem Hund bestimmte Verhaltensweisen aufzuzwingen ist auch kein Attribut des ranghohen Tieres. Der Alphawolf zwingt seine Rudelkumpane nicht zur gemeinsamen Jagd (»Wenn ihr jetzt nicht mitkommt, gibt es Dresche ...«); das hat er schlechterdings nicht nötig. Alpha steht auf und geht los – wer schlau ist, folgt ihm und hat damit eine Chance auf einen vollen Magen.

Auch ein befolgtes »Platzkommando« ist kein Zeichen dafür, dass der

Hund seinen Menschen als Alpha anerkennt. Zwar kann das Hinlegen ein Zeichen von Submission (Unterordnung) sein – aber bei einem befolgten »Platz« handelt es sich in der Regel um ein gut gelerntes Verhalten und nichts weiter. Wenn es sich nicht um ein gut gelerntes Kommando handelt, sondern tatsächlich um Submission des Hundes, wenn er sich hinlegt, bedeutet dies, dass im Moment des Kommandos ein Konflikt zwischen Hund und Mensch stattgefunden hätte. Nur dann könnte es für den Hund nötig oder wichtig sein, sein Gegenüber durch Submission zu beschwichtigen. Wie häufig am Tag geben Sie Ihrem Hund Kommandos? Handelt es sich dabei immer um Konflikte und bei diesen eventuell auch noch immer um die Rangordnung? Solch eine Form des Zusammenlebens kann eigentlich für beide Seiten nicht schön sein. Zumal sie permanent das Risiko der Eskalation birgt. Das sei noch einmal sehr deutlich gesagt.

Anspruch auf Ressourcen geltend machen können Hunde auch sehr subtil. Ein bestimmter Ruheplatz im Haus oder in der Wohnung und dann genügt unter Umständen nur noch Blickkontakt (Fixieren) – und den Menschen wird oft gar nicht klar, was da abläuft.

KOMPLEXE GEFÜGE IM RUDEL ▶ Zusammenfassend sei noch einmal gesagt, dass das soziale Gefüge, die Hierarchie, von Wölfen und Hunden, nicht so einfach ist wie früher gedacht. Auch im Zusammenleben Mensch–Hund läuft es komplizierter. Einzelne Elemente des Zusammenlebens wie: »Wer isst als Erster, wer geht als Erster durch die Tür, wer grüßt wen und wer darf wo schlafen«, können unter Umständen ganz wichtige und alles entscheidende Faktoren für die Rangordnung im gemischten Rudel sein – unter Umständen sind sie es aber nicht. Man findet auch Situationen, wo der Hund aufs Sofa darf, als Erster durch die Tür geht und vom Tisch gefüttert wird, und trotzdem ist der Hund in der Hierarchie der Gruppe ganz unten.

Das starre Fixieren mit den Augen kann ein rangzeigendes Verhalten darstellen.

Zeigen, was man hat.

Rangzeigendes Verhalten

Rangzeigendes Verhalten bei Hunden und Wölfen ist sehr subtil und die Hauptattribute des ranghohen Tieres liegen im alltäglichen sozialen Miteinander und nicht in den selteneren, wenngleich möglichen, Situationen der aggressiven Auseinandersetzung. Beantworten Sie sich einmal folgende Fragen ehrlich: Wie oft kommt Ihr Hund zu Ihnen und startet die Kommunikation mit Ihnen; wie oft geschieht es andersherum und Sie sind der Initiator? Wie oft wird der Hund gestreichelt, wenn er zu Ihnen kommt; wie oft beendet der Hund eine soziale Interaktion und wie oft beenden Sie sie?

Und dann gibt es die anderen Fälle, wo der Hund unter Umständen nachts sogar im Keller schläft, immer als Letzter gefüttert und fast nie beachtet wird, wenn er Aufmerksamkeit will, und trotzdem hat der Hund sich bis zur Alphaposition vorgearbeitet. Unter Umständen spielt nämlich nur eine einzige Ressource und der Zugang dazu hier die alles entscheidende Rolle. Vielleicht ist es ein Ball und der Hund bestimmt alles, was mit und um diesen Ball herum passiert. Da kann der Hund dann bei allen anderen Ressourcen und in allen anderen Situationen großzügig »erlauben«, dass andere den Vortritt haben. Erinnern Sie sich an den satten Alphawolf und den hungrigen Rangniederen, der den Knochen nehmen durfte? Vielen Besitzern wird nicht bewusst, dass der Hund ihnen ein Privileg erlaubt.

Wichtige Ressourcen

Beim Etablieren und Halten einer hierarchischen Struktur geht es also um den Zugang zu Ressourcen und das »Angeben« mit Ressourcen. Deshalb soll hier noch einmal definiert werden, was denn für Hunde alles eine Ressource sein kann. Ressourcen sind die wichtigen Elemente/Dinge, mit denen die Steigerung der individuellen Fitness erreicht wird. In diesem Sinne sind Futter und Wasser Ressourcen; für den Hund als obligat soziales Lebewesen stellt auch Sozialkontakt eine Ressource dar. Das Territorium als Ort, an dem man ungestört verdauen und seinen Nachwuchs großziehen kann, ist auch eine Ressource für einen Hund. Für keine dieser Ressourcen kann man sagen, dass einige generell wichtiger und andere weniger wichtig wären. Die Wichtigkeit und damit die Möglichkeit, darüber Rang zu zeigen, ist von vielen Faktoren abhängig und in individuellen Situationen verschieden. Wenn es um die Steigerung der individuellen Fitness geht, muss man noch andere Ressourcen nennen: Die körperliche Unversehrtheit stellt auch eine Ressource dar, ebenso wie der soziale Status als solcher. Hier wird wieder deutlich, dass man bei der Beurteilung von Hundeverhalten nicht zu sehr vereinfachen darf. Gerade beim Sozialverhalten und der Sozialstruktur handelt es sich um komplexe Verhaltensweisen und Systeme, die man nicht auf einige wenige Schlagwörter und Strickmuster reduzieren darf. Der Hund, der nach dem Besitzer schnappt, wenn dieser ihn vom Sofa ziehen will, kann sich so gegen den »anmaßenden Übergriff« eines (seiner Meinung nach) Rangniedereren wehren. Er kann aber auch rein zur Verteidigung seiner körperlichen Unversehrtheit schnappen, da er einen Angriff von einem Ranghöheren auf diese fürchtet – im Wolfs- oder Hunderudel haben schließlich alle das Recht, sich zu verteidigen, auch gegen Ranghöhere.

Wenn die Kerle bloß nicht so niedlich wären – unweigerlich macht man das Spiel mit!

▸ Rangordnung zwischen Hunden und Kindern

Zum Schluss noch ein Wort zur Rangordnung zwischen Hunden und Kindern. Die meisten Eltern wollen, dass der Hund unter den Kindern steht – und den wenigsten ist klar, dass dies erst der Fall sein kann, wenn das oder die Kinder die Pubertät erreicht haben. Vorher wird ein erwachsener Hund immer eine Rangordnung herausbilden, in der er über jedem der Kinder steht. Dies liegt daran, dass eine Rangbeziehung immer etwas ist, was zwischen zwei Individuen herausgebildet wird (siehe S. 164) und Kinder bis zu einem bestimmten Alter dabei einfach noch nicht aktiv mitarbeiten können. Der Nachwuchs bei Wölfen oder Hunden hat üblicherweise die unterste Position in der Hierarchie der Gruppe. Dies liegt unter anderem an den sich erst entwickelnden kommunikativen Fähigkeiten. Ein weiterer Grund mag der sein, dass junge Wölfe und Hunde bis zum Einsetzen der Geschlechtsreife und der sozialen Reife auch keine große Konkurrenz für die älteren Tiere darstellen und so nicht besonders aktiv in die Struktur der Gruppe integriert, sondern eher »am Rande« beteiligt sind; dabei genießen sie natürlich den Schutz der Gruppe. Neben den weiter vorne beschriebenen Kriterien für den so genannten Welpenschutz spielt auch dieser Faktor dafür eine Rolle, dass Welpen und auch noch Junghunde – und kleinere Kinder – manchmal Narrenfreiheit von den »Großen« zugestanden bekommen. Aber auch hier bekommt der Nachwuchs seine Warnungen, wenn er die Nase zu weit vorstreckt. Diese Warnungen gehen von subtilen Signalen (Imponieren) bis zu tatsächlichen Drohungen und offensiven Handlungen (Schnappen). Wenn Erwachsene schon so manche Signale von Hunden falsch interpretieren oder übersehen, dann sind Kinder dabei noch stärker gefährdet. Eltern sollten also Kinder und Hunde nie unbeaufsichtigt lassen – zumal Kinder von sich aus auch durchaus ihre Späße mit Tieren treiben können.

Eltern können übrigens nicht den Kindern eine Rangposition gegenüber dem Hund zuweisen. Solche Modelle sind von der Natur nicht vorgesehen. Den Alphawolf interessiert es herzlich wenig, wie sich die unteren Ränge sortieren und einigen, solange seine Position dabei nicht gefährdet wird und die unteren Ränge sich nicht permanent Ernstkämpfe liefern und damit das Überleben des gesamten Rudels gefährden. Eltern können das Verhalten des Hundes gegenüber Kindern steuern/beeinflussen, solange alle in einem Raum sind. Dies hat aber keine Auswirkungen in die Zukunft. Sind die Eltern abwesend, werden die Karten aus der Sicht des Hundes neu gemischt.

Für Kinder ist es schön, mit Tieren aufzuwachsen. Aber es gibt einiges dabei zu beachten.

Territorialverhalten

Territorialverhalten

▸ Kern- und Aktionsräume

Hunde sind territoriale Lebewesen. Wie schon erwähnt, stellt das Territorium eine Ressource dar. Man kann dabei zwischen einem Kernterritorium und dem weiteren Territorium (Aktionsraum) unterscheiden. Das Kernterritorium ist der Bereich, in dem man verdaut, sein Lager hat und den Nachwuchs aufzieht. Das weitere Territorium ist das Jagdrevier. Abhängig vom Nahrungsangebot und der Rudelgröße kann es beim Jagdrevier der Wölfe durchaus zu geringfügigen bis größeren Überschneidungen der Reviere einzelner Rudel kommen. Beim Kernterritorium gibt es nie Überschneidungen. Für unsere Haushunde stellen Haus, Wohnung und/oder Garten wohl die Kernreviere dar.

Wenn unser heutiger Haushund wie die Wölfe noch regelmäßig sein Kernterritorium verteidigen würde, hätten wir deutlich mehr Probleme im Zusammenleben Mensch–Hund als momentan vorhanden. Menschen haben über Jahrtausende bei unterschiedlichen Hunderassen unterschiedliches Territorialverhalten züchterisch geformt. Wir kennen Hunde, die sehr wenig territorial sind, weil es für den vom Menschen vorgesehenen Arbeitseinsatz nicht günstig gewesen wäre. Viele Jagdhunderassen stellen solche Hunde dar und auch Hunderassen, die schon früh für den Einsatz als »Schoßhund« gedacht waren. Bei anderen Rassen mit ursprünglich anderen Gebrauchszwecken wurde Territorialität züchterisch hervorselektiert: bei einigen

Ein Kuvasz in seinem Aktionsraum

Von erhöhten Ruheplätzen lässt sich das Kernterritorium am besten kontrollieren.

Wachhunderassen, besonders bei Herdenschutzrassen, sowie bei einigen Hüterassen. Durch ihr Territorialverhalten im Unterschied zu anderen Rassen fallen heute zum Beispiel noch der Hovawart oder der Briard auf und ganz massiv die so genannten Herdenschutzhunde wie z.B. Owtscharka oder Kangal, um nur einige zu nennen (die Auswahl ist nicht repräsentativ). Dabei muss man deutlich sagen, dass die Territorialität innerhalb der einzelnen Rassen unterschiedlich ausgeprägt ist und in unserer heutigen mitteleuropäischen Gesellschaft eigentlich auch kein generelles Zuchtziel mehr darstellen sollte. Hunde mit einem starken Territorialverhalten stellen hohe Anforderungen an den Halter, was Aufzucht und Erziehung/Ausbildung, aber auch die Entwicklung der sozialen Struktur der Gruppe angeht. Dies bedeutet, dass sehr viel Zeit in den Hund investiert werden muss. Wer einen Hund als Familienmitglied, zum Spaß und eventuell für den hobbymäßigen Hundesport haben will, macht sich, seiner Familie und seiner Umwelt das Leben leichter, wenn er einen (seiner Herkunft nach) weniger territorial veranlagten Hund kauft. Und eine entsprechende Wachfunktion kann solch ein Hund immer noch ausüben.

Territorium

Wölfe verteidigen ihr Kernterritorium und eventuell auch das weitere Territorium gegen Eindringlinge der gleichen Art und gegen jedwede Feinde anderer Arten.

Züchterische Einwirkung

Wie kommt es, dass das Territorialverhalten anscheinend in der Domestikation leichter züchterisch zu verändern war als andere Verhaltenskomponenten des Wolfes? Territorialverhalten kann eine ungesunde Sache sein und einige Verhaltensbiologen bezeichnen die

Territorialität als eine angeborene Verhaltensweise mit deutlichen Nachteilen. Wer häufiger, aufgrund eines hohen Territorialverhaltens, Kämpfen muss, geht auch öfter das Risiko der Niederlage bzw. des Todes ein. Bei Tieren, die nicht in größeren Gruppen leben und allein oder zu zweit ein Territorium gewinnen und halten müssen, steht das Territorialverhalten in direkter Korrelation zum Fortpflanzungserfolg. Territorial ist man dort und dann extrem, wenn ohne Territorium die Chance auf Fortpflanzung gleich null wäre. Dies ist beim Wolf nur bedingt der Fall. Aus diesem Grund ist es auch erklärbar, dass schon beim Wolf das Territorialverhalten nicht als feste Größe und bei allen Tieren gleich ausgeprägt gewesen sein kann. Und so ist erklärbar, dass über den Zeitraum der Domestikation sowohl in die eine wie auch in die andere Richtung durch gezielte Zucht eine Selektion möglich war.

Ein noch recht junger Kangal. Echtes Territorialverhalten wird er erst im Alter von ca. 36 Monaten zeigen.

Wie weiter vorne schon gesagt, ist es ein Ausdruck der sozialen Kompetenz und Flexibilität unserer heutigen Haushunde, dass sie Mitglieder fremder Gruppen und/oder fremder Arten häufig sogar auf ihrem Kernterritorium problemlos erdulden. Aber man sollte es nicht als selbstverständlich ansehen, dass dieses immer und so ohne weiteres klappt. Menschen beeinflussen auch hier über die Erziehung, wie sich der Hund später benehmen wird. Letztendlich ist nämlich auch das Verständnis um die Wichtigkeit von Ressourcen eine Frage der Sozialisation und der weiteren Erziehung. Und so ist auch von der Sozialisation und Erziehung abhängig, wie wichtig der Hund die Ressource Territorium letztendlich nimmt und wie er bereit ist, dafür zu handeln. Übrigens muss es sich nicht bei jedem Konflikt, der sich auf dem Territorium abspielt, immer um ein reines Territorialverhalten handeln. Ein Hund kann auch auf seinem eigenen Territorium aus anderen Gründen Drohverhalten zeigen oder offensiv werden. Vielleicht steht nämlich dabei auch einfach die Angst vor einer Verletzung im Vordergrund und der Hund verteidigt mehr sein Leben als alles andere. Dabei hängt natürlich andererseits das Leben oder Überleben auch wieder davon ab, ob man sein Territorium im Besitz behält oder nicht. Sie sehen mal wieder: Nichts ist so einfach, wie es scheint, und gerade bei Verhaltensfragen muss man in jede Richtung denken und beobachten und sollte nicht gleich bei den ersten offensichtlichen Dingen hängen bleiben. Echtes Territorialverhalten zeigen Hunde auch erst nach dem Erreichen der sozialen Reife.

Kommunikation

Kommunikation

Wie sie funktioniert

Kommunikation bedeutet, dass Signale von einem Sender zu einem Empfänger übertragen werden. Die Signale tragen dabei die zu sendende Information. Erst wenn alle drei Elemente vorhanden sind (Sender, Signal und Empfänger), haben wir es mit Kommunikation zu tun. Dabei merkt der Sender am Verhalten des Empfängers nicht nur, ob sein Signal überhaupt angekommen ist, sondern auch ob es verstanden wurde. Wenn Sie ihrem Hund das Wort »Platz« zubrüllen, merken Sie unter Umständen am Zurückzucken des Hundes, dass es angekommen ist. Wenn der Hund sich jetzt auch noch hinlegt, wissen Sie mit Gewissheit, dass das Signal nicht nur angekommen ist, sondern auch verstanden wurde. Was ist, wenn zwar der Hund zuckt und in Ihre Richtung guckt, aber dabei stehen bleibt? Oder wenn er sich setzt? Dann ist zwar »etwas« angekommen beim Hund (sein Trommelfell tut vielleicht auch weh), aber es wurde nicht verstanden oder es wurde mit einem anderen Sinn verstanden. Diese Information erhalten Sie aus dem Verhalten des Hundes – und damit hat der Hund Ihnen etwas gesendet und Sie waren der Empfänger.

Sender, Signal und Empfänger – hier ist alles vorhanden.

Lernen von Signalen

Die jeweilige Information von bestimmten Signalen wird gelernt. Kinder lernen sprechen und später das Alphabet und damit lesen und schreiben. Dies ist unsere Hauptform der Kommunikation: Worte als Signale mit entsprechender Information – entweder gesprochen oder geschrieben. Hunde haben als Hauptform der Kommunikation innerhalb ihrer sozialen Gruppe die Körpersprache. Erst zweitrangig kommen bei Hunden die Lautsprache (bellen etc.) und der Geruch dazu. Welpen lernen den Informationsgehalt von bestimmten Signalen in der Sozialisationsphase. Sie lernen zum Beispiel, dass ein Drohfixieren eines älteren Rudelmitgliedes für bestimmte Situationen die Information beinhaltet: »Hör auf/geh weg/lass es sein.« Der Welpe lernt den Informationsgehalt dieses Signals auf die harte Tour. Anfangs wird er nichts damit anzufangen wissen und nicht weggehen. Darauf folgt vielleicht ein Nasenrückenrunzeln und Zeigen der Zähne. Vielleicht wird auch schon geknurrt. Auch diese Signale wird der Welpe anfangs nicht kennen. Nun wird unter Umständen geschnappt. Der Welpe erschreckt sich und vielleicht tut es auch kurzfristig weh. Er lernt: Drohfixieren bedeutet, eine Handlung im eigenen Interesse abzubrechen, denn sonst wird es ungemütlich. Das Signal »Drohfixieren« ist mit einem ersten Inhalt, einer ersten Information gefüllt. Später kommen noch andere hinzu. Der Welpe lernt, dass bestimmte Signale in jeweils bestimmten Situationen unterschiedliche Informationen tragen können. Wem das Lernen dieser Signale und der Informationen vorenthalten wird, der kann später in der Gruppe, in der diese Signale zur Kultur gehören, nicht mitreden. Kaspar Hauser ist sicher das bekannteste Beispiel dafür, dass das eben Beschriebene auch für uns Menschen gilt.

Beispiele der Kommunikation

- Signale werden mit verschiedenen Medien übertragen und durch verschiedene Organe aufgenommen. Wir kennen akustische, optische, taktile und olfaktorische Signale. Akustische Signale (Geräusche) werden mit den Ohren aufgenommen; optische Signale mit den Augen; taktile Signale (Berührungen) mit den entsprechenden Sinnesorganen in der Haut; olfaktorische Signale (Geruch) mit der Nase.

- Ein Signal ist nicht von selbst mit Information gefüllt. Information entsteht nicht »irgendwo da draußen im luftleeren Raum«. Der Sender muss sein Signal mit Information füllen und er tut gut daran, dafür zu sorgen bzw. sich zu vergewissern, dass der Empfänger mit dieser Information etwas anfangen kann. Sie haben richtig gehört: Dafür ist üblicherweise der Sender zuständig. Wenn er will, dass die Kommunikation klappt, muss er Arbeit investieren. Allerdings wird diese Arbeit dem Sender in der Regel dort leicht gemacht, wo Sender und Empfänger aus der gleichen Kultur stammen und/oder der gleichen Art angehören. Dabei ist es für den Hund schwer, den Informationsgehalt der Signale zu hinterfragen. Dies muss dem Menschen überlassen werden und im Sinne einer erfolgreichen Kommunikation sollte er es auch oft machen. Beim Hund haben wir zumindest bis heute keine Anhaltspunkte dafür gefunden, dass sein Gehirn zu dieser Spezialleistung des »Hinterfragens« fähig ist. Insofern können wir es auch nicht von ihm verlangen.

Hunde von sehr verschiedenen Phänotypen: nach ersten Missverständnissen (oben) wird die Kommunikation geübt (rechts).

Einsatz des Körpers

Hunde setzen ihren ganzen Körper ein, um optische Signale zu senden. Die Körperhaltung an sich, aber zum Beispiel auch die Stellung und Haltung von Augen, Lefzen, Ohren, Schwanz oder Kopf besitzen Signalfunktion.

Gerade hier haben Menschen durch die Zucht auf äußere Erscheinungsformen generell, aber z.B. auch durch das nun glücklicherweise verbotene Kupieren, beim Hund Probleme in der innerhundlichen Verständigung bewirkt. Hunde mit viel »Wolle im Gesicht« können ihre Lefzen unter Umständen vielleicht bewegen bis zum Muskelkater – das Gegenüber kann es nur leider nicht sehen.

Probleme in der sozialen Kommunikation entstehen dort, wo dem Hund die Möglichkeit zur optischen Verständigung genommen wurde. Maßstab für alle Kommunikation ist dabei immer der Wolf als das Bild des ursprünglichen Hundes. Ein erwachsener Wolf kann über die unterschiedliche Stellung von Lefzen, Gesichtshaut, Ohren, Augen etc. über 60 verschiedene Gesichter zeigen. Stellen Sie sich jetzt einen Hund mit hängenden Lefzen, angeborenen Falten im Gesicht, kleinen und unbeweglichen Schlappohren und unter Umständen

Gesichtsmimik beim Hund

- **Angstgesicht:** Augen groß, große Pupillen, Blick häufig nicht fokussiert, Maulspalte und Lefzen lang nach hinten gezogen, Ohren hinter den Kopf an den Nacken gelegt.
- **Unterordnungsgesicht:** Es sieht, bis auf die Pupillen, so aus wie das Angsgesicht.
- **Spielgesicht:** Übertriebenes Zeigen von allen möglichen Gesichtsformen im schnellen Wechsel und ohne dass sie im Kontext zusammenpassen.
- **Entspanntes Gesicht:** Ohren, Lefzen, Augen und Kopfhaut entspannt in der rasseüblichen Grundstellung.
- **Imponiergesicht:** Ohren nach vorne gerichtet, Augen fokussieren, Pupillen klein, Kopfhaut angespannt, Lefzen gespannt, Maulspalte kurz.
- **Drohgesicht (unsicher):** Angstgesicht; zusätzlich möglich: Nasenrückenrunzeln, geöffnete Maulspalte mit mehr oder weniger entblößten Zähnen. Schnappen/Klappen der Kiefer.
- **Drohgesicht (sicher):** Imponiergesicht; zusätzlich möglich: Nasenrückenrunzeln, geöffnete Maulspalte mit eher weniger entblößten Zähnen. Klappen der Kiefer.

noch einer platten Nase vor. Um die möglichen verschiedenen Gesichter zu zählen, braucht man unter Umständen nur die Finger einer Hand.

▸ Konfliktlösung durch Kommunikation

Probleme in der Kommunikation sind in der Regel der Motor für Konflikte – die dann auch aggressiv ausgetragen werden können. Insgesamt dient auch die Kommunikation einem Zweck: Steigerung der individuellen Fitness. Über Kommunikation wird der Rangunterschied geklärt. Über Kommunikation wird aus einem Sozialpartner unter Umständen ein Fortpflanzungspartner. Über Kommunikation, und dies ist ein wichtiger Punkt, wird der Ernstkampf verhindert/vermieden, wo es nur geht.

Keiner frisst den anderen …

Olfaktorische Signale

Hunde können bewusst und unbewusst »Duftspuren« hinterlassen. Unbewusst tun sie es über die Haut, besonders an den Pfoten. Sie hinterlassen ihr individuelles »Körperparfüm«, wenn sie irgendwo gelegen haben oder entlanggegangen sind. Bewusst wird Duft über das Markieren mit Urin oder Kot und über das Markieren mit Analsekret hinterlassen. Dabei stellt das Markieren mit Kot eine Kombination aus einer geruchlichen und einer optischen Markierung dar – ebenso wie das Scharren nach dem Kot- oder Urinabsetzen auch eine optische Signalwirkung hat. Während Wölfe tatsächlich recht häufig auch mit Kot markieren,

Körperhaltung beim Hund

- **Unsicher/Angst:** Körper zusammengeschoben und leicht nach hinten gedrückt, eingeknickte Gliedmaßen (»kleine Gestalt«), Schwanz unter den Bauch gezogen, Hals eingezogen. Dies wird auch bei Submission gezeigt.
- **Sicher/Imponieren:** Körper groß gemacht und leicht nach vorne geschoben, Beine steif durchgedrückt, Schwanz hoch getragen.
- **Neutral:** Körper und Schwanz in rasseüblicher Grundstellung.
- **Spiel:** Übertriebene Bewegungen und schneller Wechsel von diversen Körperstellungen ohne »Ernstbezug«. Typisch ist die »Vorderkörpertiefstellung«.

ist dies bei unseren Hunden seltener. Für das immer engere Zusammenleben zwischen Hund und Mensch bzw. das Teilen von immer weniger Raum zur gemeinsamen Nutzung ist dies nur praktisch. Hürden- und Zickzacklauf um und über »Tretminen« auf den Wegen ist nicht spaßig. Man kann Hunde gut trainieren, ihren Kot abseits von Wegen und Liegewiesen abzusetzen, und dies wäre für alle Hundebesitzer eine der einfachsten Maßnahmen, um Konflikten zwischen Hundehaltern und Nichthundehaltern vorzubeugen. Vielleicht hat hier im Laufe der Domestikation eine der deutlichsten Selektionen auf Verhaltensveränderungen vom Wolf zu Hunden egal welcher Rasse stattgefunden. Die wenigsten Menschen fänden es wohl schön, wenn ihr Hund den Rand seines Kernterritoriums (= Haus/Wohnung/Garten) regelmäßig mit Kot (bzw. überhaupt) markieren würde.

MARKIEREN MIT URIN ▸ Rüden markieren deutlich mit Urin. Ab dem Erreichen der Geschlechtsreife stellen sie sich dazu auf drei Beine, heben ein Hinterbein so hoch wie möglich und spritzen kleinere Mengen Urin an den zu markierenden Gegenstand. Wie oben schon beschrieben, wird zum Teil nach dem Urinabsatz noch heftig mit den Hinterbeinen gescharrt. Neben der wohl eher zweitrangigen Verteilung des Geruchs wird so auch noch eine optische Markierung gesetzt. Was viele Hundebesitzer verunsichert bis verblüfft: Auch Hündinnen markieren mit Urin und sie tun es zum Teil auch auf drei Beinen. Ich kannte sogar einmal eine Hündin, die regelmäßig Handstand auf den Vorderbeinen machte, um ihre paar Tropfen Urin möglichst hoch an den Baum oder die Wand zu spritzen. Der Urin trägt bei den Hunden je nach Geschlecht, Alter und/oder Gesundheitszustand verschiedene Pheromone (Duftstoffe). Hiermit werden zum Beispiel die wichtigen Informationen über den Sexualstatus ausgetauscht.

...zum Schluss werden sie vielleicht sogar gute Freunde.

MARKIEREN MIT ANALSEKRET ▶ Analsekret wird aus den Analdrüsen abgesondert, die rechts und links neben dem After des Hundes liegen. Dieses sehr ölige Sekret ist bei jedem Hund ein ganz individuelles Parfüm. Es wird beim Kotabsatz aus den Drüsen herausmassiert und ist die eigentliche individuelle Geruchskomponente des Kots. Hunde können Analsekret aber auch gezielt absondern und damit wie mit Urin markieren. Sie tun dies, indem sie den Schwanz heben, den Rücken aufkrümmen und das Hinterteil mit feinen und kurzen Trippelschritten der Hinterbeine gegen das zu markierende Objekt wenden. Manchmal können sie das Hinterteil auch am zu markierenden Gegenstand reiben.

Außerhalb des direkten sozialen Kontaktes stellen olfaktorische Signale sicher das wichtigste Kommunikationsmittel des Hundes dar. Der Hund kann anhand der Duftspuren nicht nur feststellen, wer einen bestimmten Weg entlanggegangen ist, sondern auch noch sagen, wann dies war und in welcher Stimmung sich der andere befand, ob er zum Beispiel Angst hatte. Besonders das Analsekret kann bei massiver Angst oder Panik auch schlagartig aus den Analdrüsen entleert werden.

▶ Taktile Signale

Hunde setzen ihren Körper ein, um taktile Signale zu geben. Sie können rempeln, schieben, anspringen, mit den Pfoten oder dem Kopf stoßen, ein Körperteil sanft gegen ihr Gegenüber drücken etc.

ALLOGROOMING ▶ Viele taktile Signale werden mit der Zunge und den Zähnen bzw. der Schnauze als solche gegeben. Die Zunge wird für die eigene Körperpflege benutzt und auch für die entspannte gegenseitige Körperpflege. Dieses so genannte Allogrooming wird zwischen befreundeten Hunden ausgetauscht und auch von der Mutter gegenüber den Welpen gezeigt. Es dient der Bestätigung und Stabilisierung der gegenseitigen Bindung und findet eigentlich nur im entspannten Kontext statt. Hierzu gehört ebenfalls ein vorsichtiges gegenseitiges Fassen und Knabbern mit den Zähnen, das so genannte Knabbeln oder Kniepen. Besonders der Kopf-, Hals- und Schulterbereich ist bei den erwachsenen Hunden Gegenstand solchen Allogroomings. Ein besonderes Element ist dabei die so genannte »Schnauzenzärtlichkeit«. Ein Hund umfasst vorsichtig mit seiner geöffneten Schnauze die geschlossene Schnauze des anderen. Hunde zeigen diesen Einsatz ihrer Schnauzen auch gegenüber uns Menschen – und es sollte vom Menschen geduldet bzw. mit der Hand erwidert werden im Hinblick auf eine stabile Bindung Hund–Mensch.

ANSPRINGEN ▶ Manche Signale können ihre Bedeutung im Laufe eines Hundelebens ändern. Ein schönes Beispiel hierfür ist das Anspringen. Viele Hunde tun es – und sie tun es, weil es grundsätzlich angeboren ist und ein überlebensicherndes Verhalten darstellt. Anfangs ist das Anspringen ein Signal aus dem Funktionskreis Nahrungserwerb. Wenn die Welpen abgestillt werden, bringt die Mutter (in der Natur) in ihrem Magen geschlagene Beute ins Nest zu den Welpen. Diese springen an der Mutter hoch, stoßen mit ihren Vorderpfoten gegen die Schnauze und den oberen Hals und

Aktive Demut gegenüber Mama kann nie schaden.

belecken die Mundwinkel der Mutter. Auf dieses Signal hin (und nur auf dieses Signal hin) würgt die Mutter reflexartig die Beute hervor und die Welpen können das vorverdaute Futter fressen. Wer nicht anspringen kann, bleibt unter Umständen hungrig! Später, wenn vorverdaute Nahrung nicht mehr nötig ist und das Anspringen mit Maulwinkellecken in diesem Zusammenhang darum auch nicht mehr, ändert das Anspringen seine Bedeutung. Es wird ein Begrüßungssignal, welches von den Welpen und Junghunden gegenüber älteren und ranghöheren Rudelmitgliedern gezeigt wird. Es übernimmt eine »Entschärfungsfunktion«, was so viel bedeutet wie: »Guten Tag, schön dass du da bist. Ich bin klein und dumm und will dir nichts Böses, und wenn du vielleicht auch schlecht gelaunt nach Hause kommst, bitte tu mir nichts.« Die übliche Reaktion des älteren Tieres darauf wäre vielleicht noch ein kurzer Körper- oder Blickkontakt, danach dann aber ein Ignorieren bzw. Übergehen zur Tagesordnung.

Nun können Sie vermutlich nachvollziehen, warum es Menschen selten gelingt, einem Hund das lästige Anspringen mit Schimpfen abzugewöhnen. Für den Hund bedeutet dies nämlich nur, dass er bei seinen Bemühungen zur Entschärfung der Situation nicht erfolgreich war – der Mensch reagiert ja aggressiv (Schimpfen etc.). Da der Hund nicht aus seiner Haut als Hund herauskann, ist es für ihn zunächst nahe liegend, die Verhaltensweise »Anspringen« nicht aufzugeben

Chorheulen, ein Verhalten, um die Gruppe zusammen zu holen.

– denn sie wäre ja hier die adäquate Form der Kommunikation. Und so entwickelt sich ein Kreislauf: Der Hund springt an – der Mensch schimpft – der Hund zieht sich eventuell kurzfristig zurück (besonders, wenn dazu auch körperliche Bedrohung kommt) – der Hund springt bei der nächsten sich bietenden Gelegenheit wieder hoch (unter Umständen schneller und höher als vorher) – der Mensch schimpft usw. Es gibt Menschen, die spielen dieses Spielchen ein Hundeleben lang mit.

▸ Akustische Signale

Akustische Signale haben den Vorteil, dass sie über weite Distanzen gesendet werden können. Sie haben darum wie keine andere Signalgruppe zumindest für erwachsene Wölfe die Funktion der Gruppenzusammenführung, der Stimmungsübertragung auf Distanz und bieten so die Möglichkeit der Aktivitätssteuerung, z.B. auf der Jagd.

Akustische Signale stellen nicht nur eine Form der Verständigung innerhalb einer Art oder einer sozialen Struktur dar – sie verraten auch einem Feind den jeweiligen Standort des Senders. Im Tierreich werden derart laute akustische Signale wie zum Beispiel das Chorheulen der Wölfe darum nur von Arten gezeigt, die entweder in der Nahrungskette recht weit oben stehen oder gute Fluchtmöglichkeiten haben wie zum Beispiel Vögel. Vögel benutzen ihren Gesang unter anderem, um für die Brautwerbung auf sich aufmerksam zu machen – haben dabei aber die Möglichkeit, einem herankommenden Raubfeind einfach davonzufliegen.

Hunde- und Wolfswelpen benutzen akustische Signale auch dazu, um auf sich aufmerksam zu machen. Sie können bestimmte »Distressgeräusche« absondern. Diese zeigen sie zum Beispiel bei Hunger oder wenn ihnen kalt ist. Im sozialen Kontext werden Geräusche bei Wölfen und Hunden sekundär zur Verstärkung und »Unterstützung der Argumente« eingesetzt. Die primäre Kommunikation im engen sozialen Kontext liegt wie gesagt bei den optischen Signalen.

UNTERSCHIEDE WOLF – HUND ▸ Wölfe und Hunde zeigen gleiche Gruppen von akustischen Signalen. Im Laufe der Domestikation hat es aber Veränderungen in Intensität und Qualität gegeben. Hunde bellen zum Beispiel deutlich häufiger und zeigen dabei mehr Variationen von tonalen und atonalen Lauten als Wölfe. Auch dies hat sich innerhalb der Domestikation entwickelt. Zum einen sicher vom Menschen bewusst hervorselektiert, weil eine deutliche Lautäußerung für bestimmte Arbeitseinsätze des Hundes erwünscht war. Zum anderen hat aber wohl auch eine nicht bewusst vom Menschen kontrollierte Verschiebung hin zu anderen Lautäußerungsschwerpunkten stattgefunden. Hunde mussten und müssen mit dem Sozialpartner Mensch anders kommunizieren als mit dem Sozialpartner Hund. Hinzu kam, dass auch die optische Kommunikation unter Hunden durch die zuvor genannte Selektion auf bestimmte äußere Erscheinungen erschwert war. Was lag also näher als hier im Laufe der Jahrtausende eine variationsreichere akustische Kommunikation zu entwickeln, um die Probleme bei der optischen Kommunikation etwas auszugleichen. Trotzdem liegt aber auch zwischen Hund und Mensch zumindest vom Hund aus der Schwerpunkt innerhalb der engeren sozialen Kommunikation immer noch bei der Körpersprache.

▸ Soziale Kommunikation und Hierarchie

VERMEIDUNG DES ERNSTKAMPFES ▸ Es wurde schon gesagt, dass die Kommunikation bei sozialen Lebewesen eine wichtige Rolle zur Steigerung der individuellen Fitness spielt und dass gerade die Entwicklung von Dominanz- und Submissionssignalen die Klärung der hierarchischen Struktur per Ernstkampf drastisch verringern soll. Der Ernstkampf bietet für beide Teilnehmer ein nicht unerhebliches Verletzungsrisiko. Die möglichen Kosten liegen auch für den Gewinner hoch, denn womöglich schafft es der Verlierer ja vor dem Tode noch, den Gewinner so zu verletzen, dass dieser zehn Tage später an einer Infektion stirbt oder verhungert, weil er aufgrund der Verletzung keine Beute erlegen kann. Also wird zunächst versucht, die Angelegenheit im Komentkampf zu klären.

Akustische Signale von Hunden

- **Mucken:** Mucklaute werden nur innerhalb der ersten drei Lebenswochen bei minimalem Stress gezeigt; sowohl bei beginnendem als auch bei abklingendem Unwohlsein. Aus ihnen entwickeln sich später die Brummlaute, die ältere Tiere bei Wohlbehagen, aber auch bei einer sehr kurzen und nicht intensiven Störung zeigen können.
- **Murren:** Murrlaute sind ebenfalls ein Zeichen von Unwohlsein/Stress. Die Welpen zeigen sie bei stärkerem bis starkem Unwohlsein und aus ihnen entwickeln sich später die Knurrlaute.
- **Fiepen:** Welpen fiepen bei Schreck oder Schmerz, aber auch bei andauerndem Stress, wenn das Murren keinen Erfolg gebracht hat. Dabei können Fieplaute im Extremfall auch »geschrien« werden.
- **Winseln:** Winsellaute treten auf, wenn Welpen schon einige Wochen alt sind, und werden dann ein ganzes Hundeleben hindurch gezeigt. Bei psychischem Unwohlsein (Unsicherheit, aktive Demut, Isolation) wird mehr oder weniger lautes Winseln geäußert. Winselnde Welpen bewirken in ihrem Rudel Unruhe und erreichen eine sofortige freundliche Kontaktaufnahme aller Rudelmitglieder mit ihnen.
- **Brummen:** Brummlaute werden von älteren Tieren bei Wohlbehagen, aber auch bei einer sehr kurzen und nicht intensiven Störung gezeigt.
- **Heulen:** Auch Hunde zeigen dieses wolfstypische akustische Signal, allerdings sehr viel seltener. Bei Hunden tritt es zumeist als »Loneliness-Cry« auf – wenn der Hund isoliert von den anderen Sozialpartnern ist und eine Gruppenzusammenführung bewirken will. Hunde können auch in den Loneliness-Cry anderer einstimmen.
- **Knurren:** Zum Beginn bzw. kurz vor dem Beginn der Sozialisationsphase fangen Welpen an, Knurrlaute zu äußern. Knurrlaute werden anfangs sehr undifferenziert im Sozialspiel gezeigt und scheinen zunächst mehr ein Ausdruck für eine generelle Erregung als eine differenzierte Form der Kommunikation zu sein. Erst im Laufe der Sozialisation wird Knurren zu einem Signal, welches Droh- und Warnfunktion im entsprechenden sozialen Kontext hat, aber auch weiterhin durchaus als Zeichen der Erregung im Spiel oder bei der Jagd eingesetzt werden kann.
- **Bellen:** Bellen stellt eine stoßhafte Lautäußerung bei mehr oder weniger geöffnetem Maul dar. Welpen zeigen ein infantiles Bellen als Einzellaut. Im Spiel zeigen Hunde ein Spielbellen, welches tonal und atonal auftreten kann. Besonders das atonale Spielbellen wird geäußert, wenn aus Spiel Ernst zu werden droht, zum Beispiel bei Überschreiten der Schmerzgrenze bei Beißspielen von Welpen. Bellen kann sich darüber zu einem Drohsignal aus der Defensiven (der Verteidigung) entwickeln. Bellen ist eines der wenigen Signale, die auch in räumlich engeren sozialen Situationen unfokussiert, also nicht konkret gegen einen Sozialpartner gerichtet sind (»Hunde bellen einfach in den Raum«). Echtes Drohbellen ist ein sehr tiefer Laut, der häufig in einer schnellen Folge von drei Einzellauten geäußert wird. Das in einigen Büchern/Texten über Hunde beschriebene »Wuffen« stellt ein gedämpftes Warnbellen dar.

Gut bewaffnete soziale Tiere haben Strategien des Zusammenlebens entwickelt, um das genannte Risikopotenzial, welches ja für alle Rudelmitglieder gilt, niedrig zu halten. Sie haben eine Form des Zusammenlebens entwickelt, die auf dem Zeigen von Dominanz und Submission basiert und den Ernstkampf weitestgehend überflüssig macht.

NEUE KOMMUNIKATIONSFORMEN BEIM HUND ▸ In der Domestikation vom Wolf zum Hund haben sich innerhalb dieses Verhaltensrepertoires kleine Veränderungen ergeben. Die grundlegenden Strukturen sind beim Hund und Wolf gleich bis sehr ähnlich – nichtsdestotrotz hätte auch ein gut an Hunde sozialisierter Hund Probleme, sich in einem Wolfsrudel perfekt zurechtzufinden. Dies würde erst funktionieren, wenn der Hund auch an Wölfe sozialisiert worden wäre. Hunde haben im Zuge der Domestikation auch neue soziale Kommunikationsformen entwickelt. Ein gutes Beispiel ist neben der Vokalisation (siehe S. 188) das so genannte »Trampeln« mit den Vorderpfoten, welches häufig als Spielaufforderung gezeigt wird. Wölfe, die in einer gemischten Gruppe mit Großpudeln gehalten wurden, reagierten darauf ängstlich-unsicher und mit Rückzug, stiegen also nicht in das Spiel ein.

HUNDEBEGEGNUNGEN ▸ Wenn sich zwei fremde Hunde auf dem Spaziergang begegnen, herrscht zwischen diesen noch keine Rangordnung, d.h., es herrscht kein Dominanz-Unterordnungs-Verhältnis. Dies kann sich, wie weiter vorne schon erklärt, erst nach einigen Interaktionen und Informationsaustausch entwickeln. Man kann diese fremden Hunde, die sich auf dem Spaziergang begegnen (unter Umständen noch in deutlicher Nähe zu einem oder beiden Kernterritorien), mit den Angehörigen zweier konkurrierender Wolfsrudel vergleichen.

Freundliche Begrüßung des älteren Rüden und leichte passive und aktive Demut bei der jüngeren Cocker-Hündin.

Üblicherweise würde man sich aus dem Weg gehen, wo kein dringender oder zwingender Grund vorhanden wäre, miteinander zu kommunizieren bzw. miteinander zu kämpfen. Angehörige fremder Wolfsrudel beißen sich auch nicht immer sofort tot, wenn sie sich unterwegs treffen. Wie weiter vorne schon erläutert, könnte es aber dazu kommen, z.B. wenn das Nahrungsangebot generell klein ist. Und das Risiko einer aggressiven Auseinandersetzung steigt natürlich, je weiter sich der oder die Angehörigen des fremden Rudels dem Kernterritorium des anderen Rudels genähert haben.

TERRITORIUMSÜBERSCHNEIDUNGEN ▸ Überschneidungen der Territorien haben wir bei unseren Haushunden permanent – unsere Umwelt ist dafür einfach zu dicht besiedelt. Selbst wenn man den Territoriumsbegriff für unsere Haushunde im Verhältnis zum Wolf etwas anders definieren muss – es ist ein Zeichen für hohe soziale Flexibilität, Kompetenz und letztendlich auch perfekte Domestikation, dass eigentlich kaum Beißzwischenfälle oder sogar Todesfälle unter Hunden auftreten. Hin und wieder kommt es doch zu Zwischenfällen – bei denen allerdings der echte Ernstkampf deutlich im Hintergrund steht. Dazu mehr im Kapitel »Aggression« (siehe S. 199).

Submissive Annäherung des Dackels an den drohenden (aber unsicheren) Schäferhund.

DYADISCHE INTERAKTIONEN ▸ Kommunikation über Dominanz und Unterordnung und über die soziale Hierarchie bedeutet, den anderen »abzuchecken« und dabei selbst zu zeigen, was man hat oder wer man ist. Dies geschieht in den dyadischen Interaktionen. Auch wenn sich mehrere Hunde treffen, kommt es kurzfristig zu vielen einzelnen Dyaden. Für den beobachtenden Menschen mag es ein großes Gewusel sein (jeder schnuppert an jedem), für die Hunde werden aber streng sortiert Informationen ausgetauscht. Hunde zeigen sehr ritualisierte Verhaltensweisen in der Begrüßung untereinander – wenn sie die Möglichkeiten hatten, dies zu lernen. Je ritualisierter, d.h. je bekannter und geordneter, die Begrüßung und der Informationsaustausch abläuft, desto geringer ist die Gefahr einer Eskalation. Was für Menschen dabei manchmal nicht nachvollziehbar ist, ist die Tatsache dass dieses Abchecken auch Drohsignale, z.B. lautes Knurren oder Bellen, beinhalten kann.

▸ Informationsaustausch

Hunde versuchen zunächst optisch und dazwischen auch olfaktorisch Informationen über den anderen zu bekommen und auch selbst welche zu geben. Man zeigt z.B. gleich von Anfang an körpersprachliche Signale des Imponierens, der Unsicherheit und/oder Submission. Es gibt Situationen, wo sich Hunde nur auf Distanz verständigen, und es kommt zu keiner Körperberührung. Unter Umständen läuft ein ängstlicher Hund einfach nur schnell an einem anderen vorbei. Wenn es zu engerem Kontakt kommt, dann wird vielfach zunächst beschnuppert. Man beschnuppert sich gegenseitig im Kopfbereich, im Afterbereich und an den Geschlechtsteilen. Auch darüber, wer sich beschnuppern lässt bzw. wer der Aktivere beim Beschnuppern ist, werden Informationen über eine angestrebte soziale Position deutlich gemacht. Hunde können dann weitere rangzeigende Gesten bzw. Attribute des ranghöheren Tieres zum Abchecken zeigen: Akzeptiert der andere, wenn ich ihm die Pfote auf den Rücken lege, oder nicht? Bei diesen Sequenzen können sich die Hunde auch mehrmals gegenseitig umkreisen. Ein Abbrechen (genug Informationsaustausch) und Seiner-Wege-gehen ist dabei zu jeder Zeit möglich, wenn genug Information auf beiden Seiten ausgetauscht wurde und die Situation für beide beteiligten Hunde klar ist. Man kann keine Richtzahlen wie »immer 3 x umkreisen« oder »über 2 Minuten wird es kritisch« geben.

T-STELLUNG ▸ Ein häufig zu sehendes Element bei diesen Interaktionen ist die so genannte »T-Stellung«. Hier stellt sich ein Hund einem anderen so in den Weg, dass der eine den Balken des T´s bildet und der andere den vertikalen Strich. Früher wurde immer pauschal gesagt, dass der, der den Balken darstellt, der Gewinner ist. Dies gilt nicht mehr so absolut, da sich Situationen zwischen Hunden in Sekundenbruchteilen ändern und umsortieren können. Was man sicher sagen kann, ist, dass der Hund, der den Balken bildet, der aktivere war, denn er hat sich dem anderen in den Weg gestellt. Ob diese eine Episode der Interaktion über Dominanz oder Subdominanz entscheidet, hängt letztendlich davon ab, was der andere Hund macht (er könnte dem einen ja z. B. die Pfote auf den Rücken legen).

Der Dackel hatte mit seiner Deeskalation Erfolg: Der Schäferhund zeigt nun selbst den Beginn einer submissiven Kommunikation.

Leichte Unsicherheit bei diesen beiden, die sich zum ersten Mal begegnen.

Demutsgesten

Nicht unbedingt muss einer der Hunde im Verlauf des Informationsaustausches auch irgendwann deutliche Demutsgesten zeigen. Abhängig von der jeweiligen Situation kann es dazu kommen, muss aber nicht. Je mehr Drohsignale auf einer oder beiden Seiten geäußert werden, desto häufiger kommt es dann aber auch von einem der Partner zur deutlichen Submission – oder die Angelegenheit könnte sich auf einen Ernstkampf oder auf eine Flucht des einen hin zuspitzen. Um es noch einmal deutlich zu sagen: Der Ernstkampf unter Hunden ist viel seltener, als Besitzer häufig meinen.

UNTERWERFUNG ▸ Hat sich nun ein Hund, der auf dem Rücken liegt, immer unterworfen? Die Antwort ist ein klares Nein! Ich erinnere daran, dass in einer der früheren Verordnungen zum Schutz vor gefährlichen Hunden auch hierzu ein Passus war: Ein Hund war dann als gefährlich zu bezeichnen, wenn er einen anderen Hund trotz dessen artüblicher Unterwerfungsgestik gebissen hat. Aus dem eben Gesagten wird schon deutlich, dass in einer Interaktion Hund – Hund in schneller Folge beide hintereinander Submission und/oder Dominanz zeigen können. Dies geht so schnell, dass ungeübte Laien (und das sind leider auch die meisten Hundehalter) mit dem Gucken gar nicht hinterherkommen und unter Umständen übersehen, dass der Hund, der gebissen wurde, den anderen gerade mal kurz provoziert hatte.

»SICH AUF DEN RÜCKEN LEGEN« ▸ Ein häufiges Missverständnis ist dabei das »Auf-den-Rücken-legen«. Das »Sich-auf-den-Rücken-legen« ist eine Geste der Submission (passive Demut). Aber nicht jeder Hund, der auf dem Rücken liegt, hat sich in der Tat ergeben. Aus dieser Position kann man den anderen immer noch androhen (Blickfixieren), man kann von unten schnappen oder treten – und alles wird auch von Hunden gezeigt, wenn sie meinen, dass es angebracht ist.

Insofern darf der obere dann auch offensiv reagieren.

Die Aussage, dass sich ein Hund generell ergeben hat, der auf dem Rücken liegt, ist ein Überbleibsel aus den frühen 60ern. Aus bestimmten Beobachtungen haben Forscher damals diese These hergeleitet. Sie sahen, dass Hunde manchmal in einer agonistischen Auseinandersetzung solche Positionen gegeneinander innehatten. Einer lag unten, einer stand darüber – und wenn der obere wegging, war klar, dass er der Sieger in dieser Interaktion war. Dies waren aber nur Ausschnitte aus den Situationen und weitere Forschung und intensivere Beobachtungen haben dann zu den relativierenden Aussagen geführt, die Sie vorher gelesen haben.

▸ Erziehungsmaßnahmen

DIE »ALPHAROLLE« ▸ Leider hält sich aus dieser Zeit noch hartnäckig eine Erziehungsmaßnahme von Menschen gegen ihre Hunde: die so genannte »Alpharolle«. Damit ist gemeint, dass der Mensch seinen Hund als Strafmaßnahme auf den Rücken rollen oder werfen soll (begleitet in der Regel von verbaler Aggression = Schimpfen), um den Hund unterzuordnen und ihm letztendlich sein Fehlverhalten klar zu machen. Einmal davon abgesehen, dass es in der Natur des Hundes nicht vorgesehen ist, über eine Unterordnung ein Fehlverhalten außerhalb des direkten Konfliktes mit seinem Sozialpartner um eine Ressource zu erkennen, liegen hier falsche Beobachtungen zugrunde.

Beide Hunde zeigen Spielverhalten. Beim rechten ist schon die Vorderkörpertiefstellung zu erkennen.

Wenn ein Hund einem anderen Hund gegenüber eine passive Unterwerfung zeigt, dann zeigt er sie sozusagen freiwillig aus seiner individuellen Einschätzung der Situation heraus. Der andere Hund wirft ihn aber nicht um, mit den Worten: »So, jetzt fühl dich unterworfen.« Eine echte Unterordnung hätten wir also tatsächlich nur, wenn sich der Hund vor uns freiwillig auf den Rücken legte, und nicht, wenn wir ihn umschmeißen. Eine Unterordnung wird im sozialen Konflikt um Ressourcen gezeigt. Nur dort macht sie Sinn, nämlich um den Gegner zu entwaffnen und zu entschärfen. Wenn Menschen Hunde strafen, befinden sie sich mit dem Hund nicht immer unbedingt im sozialen Konflikt und angeborenerweise ist die echte Unterordnung für einen Hund eigentlich keine Strafmaßnahme in unserem Sinne. Wir wollen ja, dass der Hund lernt, dass er etwas falsch gemacht hat. Dummerweise gibt es für Hunde kein »richtig oder falsch« im menschlichen Sinne. Es gibt nur ein »richtig oder falsch« = »Erfolg oder Misserfolg« im Sinne der Steigerung der IF. Dabei muss dann eine Unterwerfungsgeste nicht immer unbedingt einen Misserfolg darstellen.

Aber die Alpharolle hat noch andere gefährliche Punkte. Der Hund könnte sich nämlich bedroht fühlen und beginnen, um sein Leben zu kämpfen. Es gibt unter Hunden schon solche Situationen, wo einer den anderen umwirft: Im Ernstkampf kann man so den Gegner überrumpeln, um dann sofort an die Kehle zu kommen. Wollen Sie aber bei Ihrem Hund einen Todeskampf provozieren? Häufiger als den dann sich wehrenden Hund haben wir allerdings Hunde, die sich in das ihnen drohende Schicksal ergeben. Es kommt vielleicht noch eine zaghafte Abwehr und dann das Ergeben. Diese Situation ist aber nicht unbedingt förderlich für das Vertrauen des Hundes in seinen Besitzer und für ein angenehmes Zusammenleben miteinander.

Der Welpe hat sich freiwillig auf den Rücken gelegt – er wurde nicht umgeworfen.

DAS NACKENFELLSCHÜTTELN ▶

Eine weitere alte und überholte »Erziehungsmaßnahme«, die sich hartnäckig hält, ist das Nackenfellschütteln. Auch hier entstand die Idee der »Erziehung« aus Beobachtungen von Hunden untereinander. Hunde im Ernstkampf können zum Beispiel versuchen sich umzuwerfen, indem sie sich an das lockere und gut zu greifende Nackenfell gehen. Damit wären wir wieder bei dem erzieherischen Sinn solcher Maßnahmen im Hinblick auf die tatsächlich damit erzielten Erfolge (siehe Alpharolle).

Es gibt noch zwei weitere Gründe, aus denen sich Hunde gegenseitig im Nacken packen. Das eine ist der Transport: Mama trägt die Welpen von A nach B. Das hat nun mit Erziehung herzlich wenig zu tun. Die andere Situation kommt der Sache schon näher: Mama greift den Welpen mit ihrem Fang über Kopf und Nacken. Hier zeigt die Mutter das »Über-die-Schnauze-Fassen« nicht als zärtliches Allogrooming (siehe S. 186) sondern als kurzes und knackiges Signal, »Hau ab/lass es bleiben/hör auf.« Da der Welpenkopf in der Regel noch nicht sehr viel Schnauze zum Umfassen bietet, trifft es oft Kopf und Nacken insgesamt. Dieses »Über-die-Schnauze-Fassen« kann also, je nach Situation und Art der Durchführung, mal zärtlich und mal aversiv gemeint sein. Man kann es auch unter erwachsenen Hunden oder Wölfen beobachten. Es ist immer ein Signal, dass der Welpe oder erwachsene Hund in seinem Verhalten zu weit gegangen ist. Dieses Signal scheint wie einige andere innerartliche Signale (bestimmte akustische Signale) in seinem Informationsgehalt sehr weit genetisch fixiert zu sein. Es muss also keine lange oder intensive Lernphase stattfinden wie bei einigen anderen Signalen (anderen Drohgebärden zum Beispiel). Auch bei Menschen kennt man einige solcher primär aversiven Signale. Allerdings spielt der kurzfristige Schmerz beim Empfänger des Signals sicher auch eine nicht unerhebliche Rolle für die Geschwindigkeit des Lernens. Wenn der Mensch solch ein Strafsignal beim Hund anwendet, muss er es so tun wie ein anderer Hund auch. Dies bedeutet kein langes Herumzerren und dabei noch einen Vortrag, wie böse der Hund nun wieder war. Das Signal muss innerhalb von einer Sekunde nach der zu strafenden Tat kommen und es muss kurz und deutlich sein (höchstens 1 Sekunde lang). Wenn es dann auch noch einen erzieherischen Wert in die Zukunft haben soll, muss es mindestens bei den ersten 50 Mal, wenn der Hund das unerwünschte Verhalten zeigt, immer vom Besitzer kommen. Nun dürfen Sie selbst einmal rechnen, ob Sie diese ganzen Anforderungen wohl auch schaffen werden.

DER RICHTIGE ZEITPUNKT ▶ Für den erzieherischen Wert solcher Maßnahmen, die eine Bedeutung im sozialen Miteinander unter Hunden haben, muss man sich aber auch noch etwas anderes überlegen: Wann würde sie ein Hund gegen einen anderen Hund überhaupt zeigen? Dann wissen wir nämlich, wann unser Hund dieses Signal mit großer Wahrscheinlichkeit überhaupt verstehen wird. Und das Verständnis (also das Ankommen der Information) ist wichtig, um eine Verhaltensveränderung in der Zukunft zu erreichen.

Solche Maßnahmen wie das »Über-die-Schnauze-Fassen« passieren unter Hunden nur im engen sozialen Kon-

Annähern an die Beute in Anwesenheit der »Alten« ist nicht immer erlaubt.

takt bzw. Konflikt. Das heißt, ein Hund »straft« den anderen, weil er sich von diesem konkret und ganz aktuell gestört fühlt oder weil dieser ihm eine Ressource direkt streitig machen will. Kein Hund geht zum anderen und fasst ihn über die Schnauze, weil der sich nun gerade mal hingesetzt statt hingelegt oder auf 10 Meter Distanz ein Stück Futter genommen hat, welches frei und von niemandem gewollt mitten auf dem Tisch lag. Das Nicht-befolgen eines Kommandos ist sicher nichts, wobei nach dem Verständnis eines Hundes ein »Über-die-Schnauze-Fassen« angebracht wäre.

Etwas anderes wäre es natürlich, wenn Sie sich vorher intensiv die Mühe gemacht hätten, Ihrem Hund die »erweiterte Bedeutung« dieses Signals anzutrainieren. Diese Mühe machen sich aber leider nur die allerwenigsten Hundebesitzer.

▸ Kommunikation ist nicht einfach

Zum Abschluss dieses Kapitels über Kommunikation kann man Folgendes sagen: Perfekt funktionierende Kommunikation ist nicht leicht. Umso schwerer wird es dort, wo von einer Art und/oder Kultur zur anderen kommuniziert wird. Und wenn Kommunikation fehlschlägt, ist es immer besser, sich zunächst an die eigene Nase zu fassen und die Fehler dort zu suchen. Das gilt natürlich auch für die Kommunikation zwischen mir und den Lesern dieses Buches! Wir können uns gegenseitig fragen, ob jeder den anderen verstanden hat. Dies kann der Hund nicht. Er zeigt nur durch sein Verhalten, ob Informationen angekommen sind.

Angemessene Strafe

Stellen Sie sich einmal vor, ich könnte Sie aus den Seiten dieses Buches heraus angucken, während Sie diese Zeilen lesen. Und mir würde nun gar nicht gefallen, was ich da sehe: Sie essen nebenbei oder sitzen in der Badewanne – das Buch könnte dreckig oder nass werden; nein, das will ich nicht. Ich müsste Sie jetzt bestrafen, damit Sie sich in Zukunft ordentlich mit dem Buch auf einen Sessel setzen. Ich könnte jetzt einige drastische Worte auf Japanisch mit Ihnen sprechen. Wenn Sie nicht gerade Japaner sind oder Japanisch studiert haben, würden Sie wohl nichts verstehen und folglich nichts lernen über richtig oder falsch. Warum auch – wenn ich will, dass meine Erziehungsmaßnahmen ankommen, ist es besser, Wörter aus unserer Sprache zu wählen. Das wäre dann beim Hund durchaus das »Über-die-Schnauze-Fassen«. Des weiteren wäre es dann aber auch günstig, wenn die Erziehungsmaßnahme vom Zusammenhang und der Situation her für Sie (und den Hund) begreifbar wäre. Sie hätten dann wohl nicht so viele Probleme mit der Zuordnung, wenn ich wortlos die Badewanne aus der Wand reißen würde oder alle Lebensmittel in Ihrem Haus wegwerfen würde. Aber überhaupt nicht würden Sie verstehen, wenn ich Ihr Auto verschrotten lassen würde, da der Zusammenhang fehlt.

Aggression

Aggression

Aggressionsverhalten ist sicherlich der Bereich aus dem Verhaltensrepertoire des Hundes, welcher in der Öffentlichkeit und auch unter Hundefachleuten momentan am stärksten diskutiert wird. Aggressionsverhalten war aber immer schon von Interesse: Probleme im Zusammenhang mit Verhaltensweisen wie Beißen oder Knurren gab es auch früher schon; und auf der anderen Seite ist gerade das Aggressionsverhalten immer etwas gewesen, worauf man bei einigen Arbeitsrassen versucht hat gezielt zu züchten und welches man in Spezialausbildungen unter Signalkontrolle setzte. Dabei ist der Begriff »gezielte Zucht« sehr differenziert zu betrachten und wird weiter unten auch noch genauer erklärt.

Funktionskreise

Es ist in vorherigen Kapiteln schon einiges zum Aggressionsverhalten gesagt worden und auch über Probleme, die im immer engeren Zusammenleben von immer mehr Menschen und ihren Hunden auf einem dadurch immer knapper werdenden Raum auftreten.

Aggressionsverhalten nimmt eine Sonderstellung unter allen Elementen des Verhaltensrepertoires des Hundes ein. Während man andere Verhaltenselemente im Großen und Ganzen noch jeweils einem gewissen enger umschriebenen Zweck und damit auch einem Funktionskreis zuordnen kann, ist dies beim Aggressionsverhalten nicht möglich. Funktionskreise wären zum Beispiel Fortpflanzung oder Nahrungsaufnahme bzw. Erhalt der Homöostase (= Erhalt der physiologischen Körperfunktionen). Hierbei wären dann bestimmte Verhaltensweisen in die einzelnen Funktionskreise eng einzuordnen: das Jagdverhalten z.B. oder die Verhaltenssequenzen der Begattung.

Aggressionsverhalten dagegen kann in allen Funktionskreisen als Mittel zum Zweck gezeigt werden, stellt aber selbst keinen eigenen Funktionskreis dar.

Info

Aggressionsverhalten dient der Schaffung oder Aufrechterhaltung von räumlichen und/oder zeitlichen Distanzierungen und dazu, die eigenen Interessen im Konflikt um Ressourcen obsiegen zu lassen.

BEUTEAGGRESSION ▸ In den Funktionskreisen Nahrungsaufnahme oder Fortpflanzung kann Aggressionsverhalten gezeigt werden, um einen Gegner um ein Stück Beute zu vertreiben oder einen Konkurrenten um eine läufige Hündin. Der Akt des Greifens und des Tötens der Beute dagegen stellt kein Aggressionsverhalten im eigentlichen Sinne dar. Der Begriff »Beuteaggression« ist irreführend. Wenn man die Definition über den Zweck von Aggressionsverhalten zugrunde legt (Info), ist dies auch gut erklärbar: Die Beute ist kein Konkurrent um die Ressource, sondern sie ist die Ressource selber.

Was ist Aggression?

In den vorherigen Kapiteln wurde immer wieder darauf hingewiesen, dass Aggressionsverhalten keinen Selbstzweck darstellt, sondern situationsabhängig gezeigt wird. Bevor aber weiter auf die unterschiedlichen situationsabhängigen »Arten« von Aggressionsverhalten eingegangen wird, sollen zunächst einige Definitionen gegeben werden. Worüber wird geredet, wenn das Wort »Aggressionsverhalten« fällt? Es gibt hier einige Kontroversen in der Wissenschaft. Einige Verhaltensforscher bezeichnen mit »Aggressionsverhalten« nur die offensiven Verhaltensweisen wie Schnappen, Beißen, Vorstoßen mit dem Körper – wo es also um die echte Beschädigung des Kontrahenten geht. Andere Forscher fassen unter »Aggressionsverhalten« auch Drohkomponenten zusammen, wie Knurren, Bellen, Nasenrückenrunzeln, Zähneblecken etc.

Ball als Beute – diese Ressource kann auch mit Aggression verteidigt werden.

AGONISTISCHES VERHALTEN ▸ Im englischsprachigen Raum gibt es dafür differenziertere Begriffe. Mit »agonistischem Verhalten« werden dort alle Verhaltensweisen bezeichnet, die als Reaktion auf eine Bedrohung oder in einem Konflikt um Ressourcen gegen den Kontrahenten gezeigt werden. Dabei kann es sich um offensive Verhaltensweisen wie Beißen handeln, um Drohverhaltensweisen wie Knurren – und diese dann auch noch aus der stationären Position, im Vorgehen oder im Rückzug. Die Agonistik beinhaltet also offensive und defensive Verhaltenskomponenten. Mit dem Begriff »antagonistische Verhaltensweisen« werden dann nur die Verhaltensweisen bezeichnet, die in den Bereich Offensive oder Attacke gehen. Nützlich im Sinne einer vernünftigen Umgangsweise mit dem Aggressionsverhalten von Hunden hinsichtlich von Erziehung, Gefahrenabwehr oder Problemvermeidung ist, das Drohverhalten hierunter zu subsummieren. Die Konzentration auf das reine offensive Verhalten kann aus akademisch-wissenschaftlichem Interesse wichtig und nützlich sein. Aber im Alltag ist es praktischer, auch Drohkomponenten und damit frühzeitige Äußerungen über Emotion und Motivation in den Umgang und die Arbeit mit Hunden mit einzubeziehen. Wenn also im Folgenden von Aggressionsverhalten die Rede ist, ist damit immer das agonistische Verhalten gemeint.

Deeskalationsgesten können manchmal richtig albern aussehen…

▸ Deeskalationsgesten

Der Gegenpol zum Drohen und zur offensiven Aggression ist das Demutsverhalten (Submission) und das Deeskalationsverhalten. Hunde »entschärfen« ihre Konflikte über Kommunikation, indem sie solche Verhaltensweisen anwenden. Drohverhalten wie Knurren kann mit sicherer und unsicherer Körpersprache – also mit Signalen der Angst oder des Imponierens – gezeigt werden. Submission bedeutet, von der defensiven Drohung mehr und mehr in die Körpersprache der Angst überzugehen und dabei trotzdem noch mit dem Gegner zu kommunizieren. Auch bei der Submission macht der Hund sich klein, hat die Ohren weit hinten am Nacken, hat eine lange Maulspalte und einen unfokussierten Blick. Dieses zeigt er aber in der Regel eng am Gegner und aktiv gegen diesen gewandt. Die so genannte »passive Unterwerfung« bedeutet dabei ein Verharren in einer Position, in der man verwundbar ist (z.B. auf dem Rücken liegen). Es gibt aber auch Signale der aktiven Unterwerfung. Diese sind dann noch aktiver und deutlicher gegen den Gegner gerichtet. Der Hund leckt sich die Schnauze/Nase (dies ist auch ein Zeichen von Schmerz oder Stress) oder pfötelt wie ein Welpe gegen den Kopf/Vorderkörper des Gegners. Es kann sogar an den Maulwinkeln des Gegners geleckt werden. Auch eine Spielaufforderung an den Gegner kann

...und können der Beginn für einen erlernten Trick werden.

hierzu gehören. Klassische Deeskalationsgesten sind das Gähnen oder irgendwelche Übersprungshandlungen: Dem Hund fällt ein, dass es gerade jetzt etwas besonders wichtiges anderes zu tun gibt – z.B. den Ast vom Boden zu nehmen oder am Boden zu scharren, sich zu kratzen etc.

▸ Aggression – angeboren oder erlernt?

Gerade beim Aggressionsverhalten wird momentan eine intensive Diskussion darüber geführt, wie viel angeboren und wieviel davon erlernt ist. Wie weiter vorne schon gesagt, kann man diese Frage mangels gesicherter und statistisch aussagekräftiger Daten (noch) nicht beantworten. Es gibt immer nur Anhaltspunkte aus einzelnen wissenschaftlichen Arbeiten. So gibt es zum Beispiel Arbeiten über die frühe Verhaltensentwicklung von verschiedenen Hunderassen, darunter auch Bullterrier und American Staffordshire Terrier. Darin wird gesagt, dass die Welpen dieser Rassen schon sehr früh in ihrer Entwicklung agonistische und antagonistische Verhaltensweisen in einer extremen Ausprägung zeigten und dass die Muttertiere zum Teil ein nicht normales Pflegeverhalten zeigten und die Welpen als Beute oder als Kontrahenten betrachteten. Leider wurden und werden diese Arbeiten benutzt, um die Klassifizierung der ganzen jeweiligen Rasse als »gesteigert aggressiv« und damit gefährlich zu begründen. Diese genannten wenigen Arbeiten stellen wichtige Anfänge in der Erforschung der Verhaltensentwicklung beim Hund und des Verhältnisses von angeborenen oder erlernten Komponenten dar – sie bieten aber noch keine statistisch relevanten und wissenschaftlich abgesicherten Daten, um eindeutige Äußerungen in die eine oder die andere Richtung zu erlauben. Es handelt sich bei diesen Untersuchungen um Beobachtungen weniger Würfe und zum Teil um Beobachtungen von Würfen, die eng miteinander verwandt waren. Hieraus Rückschlüsse auf eine ganze Rasse zu ziehen, ist sicher nicht gerechtfertigt. Hinweise, dass womöglich in bestimmten Zuchtlinien (enge Verwandtschaften) eine vermehrte Bereitschaft zu agonistischem Verhalten in bestimmten Situationen auftreten kann, sollte auf der anderen Seite auch nicht ignoriert werden. Hierin liegt nämlich eine große Aufgabe in der kontrollierten Hundezucht.

ERBSUBSTANZ ▸ Unsere Erbsubstanz, die Gene, stellen zuallererst eine Anleitung zum Bau von Eiweißen (Proteinen) dar. Diese Proteine wiederum bilden die Grundbausteine aller Zellen und damit der aus Zellen aufgebauten Organe. Die Proteine sind aber nicht nur Baustoff, sondern bestimmte Proteine stellen auch Regulatoren dar: Sie starten (katalysieren) und kontrollieren bei der Reifung des Organismus wichtige Entwicklungsschritte und Reifungsprozesse; und auch im später ausgereiften Lebewesen gibt es Zigtausende von unterschiedlichen Proteinen, die das perfekte Funktionieren der einzelnen Abläufe im Organismus sicherstellen. Insofern kodieren Gene für Proteine und nicht primär für Verhaltensmuster – aber der Genotyp beeinflusst natürlich die Disposition eines Individuums, in bestimmten Situationen bestimmte Verhaltensweisen zu zeigen.

Verhaltensmuster

Bewegungsmuster eines Tieres werden zentralnervös gesteuert auf der Grundlage von genetisch programmierten Verschaltungen einzelner Neurone. Alle Verhaltensweisen eines Tieres sind darüber letztendlich artspezifisch ererbt. Wann und in welcher Intensität diese einzelnen Bewegungsmuster und damit die Verhaltensmuster dann aber gezeigt werden, ist von vielen unterschiedlichen Faktoren abhängig. Faktoren sind dabei externe und interne Einflüsse sowie erlernte Reaktionsmuster auf die jeweiligen Einflüsse.

Dabei kann man hier zunächst Dispositionen für Verhaltensweisen nennen, die aufgrund anatomischer Gegebenheiten möglich oder nicht möglich sind. Ein Hund hat keine Flügel – in einem Moment der Gefahr davonzufliegen, ist ihm nicht möglich. Letztendlich sind aber auch alle anderen Elemente des Verhaltens, wie zum Beispiel die generelle Bereitschaft, Angst zu empfinden, in der Erbsubstanz in einem gewissen Rahmen fixiert. Genetisch in der Erbsubstanz fixiert ist aber auch die generelle Fähigkeit des Organismus zu lernen – zum Beispiel zu lernen, dass Angst in einer bestimmten Situation unnötig oder extrem nötig ist. Wie breit der Rahmen dieser jeweiligen genetischen Fixierung ist, kann nicht genau gesagt werden. Dafür fehlt uns momentan noch das nötige Wissen.

Vergleichbarkeit von Rassen

Problematisch werden Vergleiche von Verhaltensmustern dort, wo einzelne Gruppen von Individuen innerhalb einer Art (die Hunderassen) betrachtet werden. Das Normalverhalten eines Hundes gegen das einer Katze abzugrenzen ist noch relativ einfach. Das »Normalverhalten« eines Dackels gegen das eines Dobermanns oder eines Bullterriers abzugrenzen ist schon schwieriger. Uns fehlt sozusagen die 0-Linie im Lineal der einzelnen Rassen (also innerhalb der Art), um entscheiden zu können, ob ein bestimmtes Verhalten in einer bestimmten Situation nun über, unter oder in der Norm ist. Ob dieses Verhalten dann noch von der Umwelt gewünscht oder unerwünscht ist, ist eine andere Geschichte. Momentan behilft man sich zur Klärung der Frage nach Vergleichbarkeit damit, dass man die Entstehungsgeschichte von Rassen betrachtet (für welchen Arbeitseinsatz wurde diese Rasse ursprünglich einmal gezüchtet) und schaut, ob man so auch Aufschluss über eventuelle Schwerpunkte in Verhaltensmustern bekommen kann.

Zusätzlich werden generelle Verhaltensbeobachtungen an Hunden und an der wilden Urform gesammelt und ausgewertet. Die Vergleiche und Bewertungen hinsichtlich »Normalverhalten« gelingen relativ gut bei Verhaltensweisen, die deutlich zu Funktionskreisen gehören oder die als Arbeitsschwerpunkte aus Funktionskreisen herausgezüchtet wurden. Der Bereich Jagdverhalten und das daraus entstandene Treibe- und Hüteverhalten wären ein gutes Beispiel.

Schwieriger wird es, wenn man Verhaltensweisen betrachtet, die keinen eigenen Funktionskreis haben, sondern in allen Funktionskreisen vorkommen und dazu immer auch eine starke emotionale Beteiligung haben. Hierzu gehören die Komponenten des Kommunikationsverhaltens und des Aggressionsverhaltens. Beide Bereiche treten in allen Funktionskreisen als Mittel zum Zweck auf, wie oben schon gesagt, und werden selbstverständlich auch untereinander kombiniert. Man spricht ja auch von der »aggressiven Kommunikation«.

▸ Bewertung von Verhalten

Da Menschen, ebenso wie der Hund, gerade beim Aggressionsverhalten emotional stark beteiligt sind, treten bei der Betrachtung und Bewertung dieser Verhaltenselemente zusätzlich unweigerlich sehr anthropomorphe Blickwinkel auf, die der konstruktiven und sachlichen Lösung eventueller Probleme entgegenstehen.

Ein Beispiel mag dies veranschaulichen. Eine Verhaltenswissenschaftlerin aus den USA beschreibt zwei verschiedene Situationen, in denen ein Hund aggressiv reagierte, und bezeichnet das eine Verhalten als normal und das andere als unnormal und krankhaft gestört.

Angst als Auslöser

Wenn man sich bedroht fühlt, ist man in einem emotionalen Zustand der Angst. Angst als solches ist generell die Hauptursache für aggressives Verhalten beim Hund. Angst vor dem Verlust einer Ressource, um genau zu sein. Dabei muss der Hund in solchen Situationen nicht unbedingt ein vollständiges Angstdisplay zeigen. Dies ist zum einen abhängig davon, wie stark der Angstzustand ist (leichte Beunruhigung, Unsicherheit oder fast Panik), und zum anderen dadurch bestimmt, wie stark der Hund gelernt hat, Angst nicht zu zeigen.

- Beispiel für »normales« Aggressionsverhalten: Ein Hund begleitet seine Besitzerin beim Joggen. Die Besitzerin wird von einem Mann angegriffen und der Hund beißt den Mann.
- Beispiel für »unnormales« Aggressionsverhalten: Ein Hundebesitzer erhält Besuch in der eigenen Wohnung, und als der Besucher die Hand zur Begrüßung ausstreckt, beißt der Hund in den Arm des Besuchers.

Die 0-Linie, um hier normales von unnormalem (also gestörtem bzw. übersteigertem) Aggressionsverhalten zu trennen, hat im Kopf der Verhaltenswissenschaftlerin existiert, aber nicht in der Realität. In beiden Fällen handelte es sich um normales Verhalten: Eine Ressource wurde verteidigt. Die Ressource kann in beiden Fällen die Intaktheit des eigenen Körpers beim Hund gewesen sein. Vielleicht saß/stand der

Hund in solch einer Position zum Mann/Besucher, dass er sich körperlich bedroht fühlte. Eine weitere Erklärung wäre die Bedrohung der Ressource »Mitglied der eigenen sozialen Gruppe« (Frau, Besitzer). Ein Hund »bewacht oder verteidigt« uns/seinen Besitzer ja nicht, weil das Verteidigen von Menschen an sich eine angeborene Verhaltensweise wäre oder weil der Hund den Besitzer so schätzt oder liebt. Der Hund wird immer dort aktiv werden, wo er seine eigene Fitness bedroht fühlt.

Dies könnte in Situationen wie den oben genannten aus zwei Gründen der Fall sein:

- Die Fitness ist bedroht, wenn der Hund sich selbst direkt bedroht fühlt.
- Die Fitness ist bedroht, wenn ein Mitglied der sozialen Gruppe bedroht ist. Die intakte und komplette soziale Gruppe ist obligat nötig für den Erhalt der Fitness von jedem einzelnen Mitglied dieser Gruppe.

▸ Genetisch fixierte Verhaltensweisen

Wie anfangs auch schon erwähnt, sind bestimmte Verhaltensmuster beim Hund zu einem hohen Anteil genetisch fixiert, denn sie werden, sobald der entsprechende Stimulus auftritt, bei allen Individuen der Spezies sehr ähnlich gezeigt – auch dann, wenn vorheriges Lernen (z.B. durch Beobachtung) unmöglich war. Hierzu gehören die im ersten Kapitel genannten mütterlichen Verhaltensweisen. Ebenfalls enger genetisch fixiert sind bestimmte Abwehrhandlungen zur Schadensvermeidung oder -begrenzung als zügige Reaktion auf eine Beschädigung des Körpers (erkennbar durch einen akuten Schmerz).

ANGEBORENE ABWEHRREAKTIONEN ▸ Über entsprechende neuronale Verschaltungen kann es z.B. bei Aktivierung von Nozizeptoren (Schmerzrezeptoren) zur zügigen Abwehrreaktion kommen – Sekundenbruchteile bevor im Gehirn eine Identifizierung und Bewertung des Ereignisses stattgefunden hat. Hierzu gehören z.B. mögliche erste aggressive Reaktionen, die ein Hund als Folge einer Schmerzempfindung bei der Impfung (Einstechen der Injektionsnadel) in Richtung auf die betroffene Körperstelle zeigt. Solch eine Abwehrreaktion kann dann sehr schnell erfolgen und findet anfangs fast reflexartig statt. Wichtig ist dabei aber zu wissen, dass es bei all diesen genetisch fixierten Handlungen trotzdem zu Lernprozessen kommt, die bei entsprechenden Wiederholungen zu Verhaltensänderungen führen können. So könnte man beim obigen Beispiel schnell einen Hund haben, der schon in die Hand des Tierarztes beißt, sowie sich dieser mit der Injektionsspritze nähert. Auch beim Menschen kennt man angeborene Abwehrreaktionen, die durchaus aggressive Komponenten enthalten können. Nicht umsonst ist »Handeln im Affekt« etwas, was in der Strafgesetzgebung Berücksichtigung findet.

AGGRESSION ZUR STEIGERUNG DER FITNESS ▸ Aggressives Verhalten hat sich im gesamten Tierreich sehr früh in der Evolution, also in der Entwicklungsgeschichte der Arten, etabliert und dann durch alle weiteren Entwicklungen von Familien, Gattungen und Tierarten gehalten: immer unter dem Aspekt, damit für das jeweilige Individuum die individuelle Fitness zu

Die linke Dogge wird abgelenkt und schaut auf, was eine schon entschiedene Situation wieder ins Wanken bringen kann.

halten und zu stärken. Dabei ist Aggressionsverhalten, besonders unter den höher entwickelten Tieren, immer nur eine unter mehreren Möglichkeiten zur Fitnesssteigerung gewesen. So haben sich letztendlich aggressive Verhaltensweisen im Verhaltensrepertoire des Wolfes in der Evolution entwickelt und auch gehalten: Der individuelle Wolf, der in relevanten spezifischen Situationen unter Umständen nicht auch aggressiv reagieren konnte, hatte dadurch eine geringere Chance sich fortzupflanzen. Der Wolf, der immer und sofort nur aggressiv reagierte, hatte allerdings auch eine deutlich geringere Chance auf Fortpflanzung. Aggressive Verhaltensweisen gehören somit letztendlich zu den überlebenswichtigen und fitnesssteigernden/-sichernden Verhaltensweisen, wenn sie situationsadäquat eingesetzt werden. Der Begriff »situationsadäquat« muss dabei allerdings immer aus der Sicht des jeweiligen Hundes verstanden werden. Man kann davon ausgehen, dass solche überlebenswichtigen Verhaltensweisen im Zuge der Domestikation nur langsam aus dem Verhaltensrepertoire einer Tierart verschwinden. Damit ist gemeint, dass die Fähigkeit des Tieres, diese Verhaltensweisen als solche zu zeigen, während der Domestikation nicht stark beeinträchtigt wird.

▸ Empfindung von Angst

Etwas anderes ist es mit vererbten Veranlagungen, zum Beispiel Angst zu empfinden bzw. Angst im Zusammenhang mit bestimmten Auslösesignalen zu empfinden. Hier zeigen domestizierte Tiere generell Abweichungen zur wilden Urform. Im Durchschnitt sind domestizierte Tiere weniger scheu und weniger leicht zu verunsichern. Hier kann man beim Hund aber auch rassespezifische Unterschiede in die eine wie die andere Richtung sehen. Diese haben sich im Zuge der Entwicklung der verschiedenen Arbeitsgebiete und damit der Entwicklung der unterschiedlichen Hunderassen herausgebildet.

Verfolgter oder Verfolger? Laut Körpersprache das Letztere.

WACH- UND SCHUTZHUNDE ▶ Wenn ein Hund für seinen Menschen einen Nutzen als Wachhund haben soll, macht es keinen Sinn, ein Tier mit einer sehr hohen Reizschwelle für Angstverhalten zu nehmen. Dieser Hund wird den Einbrecher vielleicht einmal kurz angucken und dann weiterschlafen. Solange er sich nicht selbst von dem Eindringling bedroht oder beunruhigt fühlt, wird er nichts unternehmen: Es wäre ja eine Energieverschwendung. Als Wach- und Schutzhunde waren also nur Hunde zu gebrauchen, die in konkreten Situationen schnell beunruhigt oder verunsichert waren und die dann auch entsprechende agonistische Verhaltensweisen zeigten. Das Gleiche kann man auch für den Trainingsaspekt ansprechen. Um für eine Aufgabe als Wach- und Schutzhund schnell ausgebildet werden zu können, war es ebenfalls nützlich, wenn der Hund in konkreten Situationen aus einer empfundenen Bedrohung heraus schnell agonistisches Verhalten zeigte. Dieses konnte man dann unter Signal stellen. Die typischen Wach- und Schutzhunderassen vereinen also unter sich Hunde, die früher schwerpunktmäßig auf ein stärkeres und schneller gezeigtes Angstverhalten gezüchtet wurden, damit sie ihren eigentlichen Arbeitszweck gut ausüben konnten und auch schnell dafür trainierbar waren.

Wenn jetzt von »schnellerem« und »stärkerem« Angstverhalten gesprochen wird, muss dies auf den Durchschnitt aller Rassen bezogen und auch immer für konkrete Situationen gesehen werden. Angst entsteht üblicherweise als Reaktion auf einen konkreten Stimulus in einer konkreten Situation. Qualität und Quantität von Angstverhalten kann man nur vergleichen, wenn man in möglichst genormten Situationen untersucht.

VERANLAGUNG FÜR UNSICHERHEIT ▶ Aus Australien kamen in den 80er-Jahren des letzten Jahrhunderts Untersuchungsergebnisse, die besagten, dass die Veranlagung für Unsicherheit/Ängstlichkeit mittelgradig erblich ist. Die Wissenschaftler hatten verschiedene Rassen und dabei unter anderem intensiv den Deutschen Schäferhund untersucht. Die Untersuchungen waren durchgeführt worden, um Programme zur Zucht von sehr tauglichen Blindenführhunden zu entwickeln. Ängstliche Hunde sind nicht gut zur Führarbeit geeignet, da sie ein hohes Gefährdungspotenzial für ihren blinden Hundeführer bedeuten – diese Tatsache muss wohl nicht großartig betont werden. Zur gleichen Zeit wurden bestimmte ängstliche Zuchtlinien von bestimmten Rassen (u.a. Pointer) gezielt gezüchtet, um Tiermodelle zur Erforschung von Angsterkrankungen auch bei Menschen zu haben. Gleichzeitig zu diesen Untersuchungen wurde durch andere Forschungsarbeiten aber auch sehr deutlich hervorgehoben, welche wichtige Rolle die Sozialisationsphase und das, was darin mit den Welpen passiert, bzw. nicht passiert für das Verhalten des ausgewachsenen Hundes spielt – besonders im Hinblick auf Angst und Aggressionsbereitschaft.

▸ Inzucht und die Folgen

Über Erbgänge von Aggressionsverhalten beim Hund gibt es momentan noch keine wissenschaftlichen Untersuchungen mit statistischer Relevanz für eine ganze Hunderasse oder für den Vergleich von Hunderassen. Es gibt nur die zitierten Untersuchungen zur Verhaltensentwicklung unterschiedlicher Hunderassen und empirische Daten (Sammeln von Einzelbeobachtungen) über das gehäufte Auftreten von situationsinadäquatem Aggressionsverhalten bei bestimmten Hunderassen. Diese empirischen Daten haben immer den Nachteil, dass die Befunde nicht eindeutig vergleichbar sind. Ob ein Verhalten eines Hundes als situationsinadäquat oder als situationsadäquat zu gelten hat, hängt von den Beschreibungen des Beobachters ab. Viele Hundebesitzer sind eher schlechte Beobachter und von den wenigsten Einzelfällen gibt es Videoaufzeichnungen zum Vergleich.

Unter den Rassen, die hier bei diesen empirischen Datenerfassungen genannt werden, findet man zum Beispiel den Golden Retriever oder den Berner Sennenhund. Auch über Westhighland White Terrier gibt es entsprechende Berichte. So mag man schon den Eindruck bekommen, dass Unterschiede in Qualität und Quantität von Aggressionsverhalten auch genetisch fixiert sein könnten.

Hier allerdings eine ganze Rasse zu verdammen wäre nicht korrekt. Wenn man sich die eben genannten Rassen anschaut, fällt auf, dass alle kürzlich Modehunde waren oder noch sind. Modehund zu sein bedeutet, dass von dieser Rasse viele Nachkommen produziert werden. Schließlich ist die Nachfrage groß und man kann damit Geld verdienen. Viele Hundevermehrer produzieren dann viele Hunde solcher Rassen. Dabei wird nicht darauf geachtet, ob die Elterntiere enger oder weiter miteinander verwandt sind, ob sie gesund sind oder Charaktereigenschaften aufweisen, die eigentlich unerwünscht sind (z. B. eine erhöhte Ängstlichkeit). So findet dann zum Beispiel eine

Dieser Hund will etwas von Ihnen und wartet aufmerksam auf ein Signal.

Eine intensive Kommunikation verhindert offensive Attacken, weil sie überflüssig werden.

extreme Zucht einer speziellen Linie in einer Rasse statt, mit allen negativen Folgen.

»Gute Hundezucht« zeichnet sich im Gegensatz dazu dadurch aus, dass die Elterntiere nach Gesundheit, Verwandtschaftsgrad und vor allen Dingen Verhalten/Charakter ausgewählt werden. Auch in den Populationen aus der gut kontrollierten Hundezucht wird man Tiere haben, die durch unerwünschte Verhaltensweisen auffallen – da sollte man sich keinen Illusionen hingeben. Der Umfang wird aber geringer sein und in der Qualität werden die »unerwünschten Verhaltensweisen« breiter gestreut sein.

Ursachen für Aggression

Aggressionsverhalten als solches gehört also zum normalen Verhaltensrepertoire eines jeden Hundes. Wie oben bereits gesagt, stellt es keinen Selbstzweck dar, sondern wird situationsangepasst gezeigt. Der eigentliche Akt der aggressiven Handlung ist immer multifaktoriell verursacht. Aggressionsverhalten ist eine unter mehreren möglichen Verhaltensweisen in einer Situation der Bedrohung. Die verschiedenen Tierarten haben hier unterschiedliche Strategiemodelle entwickelt, wie sie am besten mit bedrohlichen Situationen, wozu auch soziale Konflikte gehören, umgehen können. Eine Strategie »immer Aggression« oder »immer Flucht« in einem Konflikt hat Nachteile für ein hochsoziales Lebewesen, welches auf das Leben in der Gruppe angewiesen ist. Wer sich sofort und ohne Variation auf eine offensive Auseinandersetzung einlässt, gerät unter Umständen schnell an einen stärkeren Gegner. Wie auch schon mehrmals gesagt: Für beide Opponenten in einem Ernstkampf besteht die reelle Chance, massiv verletzt oder getötet zu werden – die potenziellen Kosten eines Ernstkampfes, auch für den Gewinner, sind hoch.

Neurophysiologische Ansätze

Alles Verhalten, welches ein Hund zeigt, ist zentralnervös gesteuert, und abgesehen von den Reflexen, die schon auf der Ebene des Rückenmarks gesteuert bzw. geschaltet werden, ist das Gehirn dabei die Schaltzentrale. Mittlerweile hat die Hirnforschung viele Erkennt-

Die Situation kann sich auch jetzt noch in Spiel auflösen.

nisse geliefert, wie im Feinen, also auf der Ebene der einzelnen Nervenzellen, diese Steuerung vonstatten geht. Man weiß immer mehr darüber, wie Lernen auf der Ebene der einzelnen Nervenzellen funktioniert, wie Gedächtnisse gebildet werden, wie das Lernen über Assoziation (Verknüpfung) und das Lernen über Assoziation mit positiven und negativen Verstärkern erfolgt.

Die Neurophysiologie der Aggression im Speziellen ist allerdings noch nicht hinreichend erforscht. Gerade hier wäre es natürlich praktisch, wenn man mehr wissen würde. Aber man kann sagen, dass Verhaltensweisen, die quasi in jedem Funktionskreis, in jedem Lebensaspekt eines Tieres eine wichtige Rolle spielen können, sicher auch eine komplexe Vernetzung innerhalb der neuronalen Regelkreise aufweisen. Nur dann kann ja gewährleistet werden, dass die fitnesssichernde oder fitnesssteigernde Funktion für jede mögliche Lebenssituation perfekt gewährleistet wird. Das Zeigen von agonistischen Verhaltensweisen bzw. die Bereitschaft zu aggressivem Verhalten lässt sich also momentan nicht so einfach an dem Auftreten oder Nichtauftreten von bestimmten Überträgerstoffen im Gehirn oder dem Identifizieren von bestimmten bei aggressiven Handlungen beteiligten Hirnarealen ausmachen.

NEUROTRANSMITTERSYSTEME ▸ Ein Neurotransmitter, der anscheinend zumindest bei Säugetieren eine gewisse Rolle bei der Aggressionsbereitschaft spielt, ist das Serotonin. Hier haben Forscher festgestellt, dass männliche Mäuse mit einem Knock-out-Gen für einen Serotonin-Rezeptor im Gehirn im Verhältnis zu Mäusen ohne dieses Gen ein deutlich erhöhtes Aggressionspotenzial aufwiesen.

Gute Hundezucht bedeutet geeignete Elterntiere zu verpaaren.

Andere Forschergruppen haben festgestellt, dass noch andere Neurotransmitter eine Rolle bei der Aggressionsbereitschaft spielen und diese Neurotransmittersysteme eng miteinander vernetzt sind und sich gegenseitig beeinflussen. Letztendlich geht es hierbei immer noch um die Frage, wer zuerst da war: die Henne oder das Ei. Anders formuliert: Man weiß noch nicht so genau, wer hier eigentlich wen wie beeinflusst.

Man kann auch diese Forschungsergebnisse an Mäusen nicht so ohne weiteres auf Hunde übertragen: Mäuse haben ein ganz anderes Sozialverhalten als Hunde, in dem Aggressionsverhalten eine etwas andere Rolle spielt. Neurotransmittersysteme werden immer in Anpassung an die jeweiligen Lebensbedingungen einer Art geeicht. Wenn Mäuse und Hunde unterschiedliche Sozialsysteme haben und darin naturgemäß das Zeigen oder Nichtzeigen von Aggressionsverhalten eine unterschiedliche Qualität und Quantität hat, kann man auch solche Forschungsergebnisse nicht mit dem Faktor eins zu eins von einer Art auf die andere übertragen.

»Aggressive Kommunikation« bedeutet nicht, dass gleich gebissen wird.

▸ Emotionale Steuerung des Verhaltens

Man weiß heute schon viel darüber, in welchen Bereichen des Gehirns Sinneseindrücke wie verarbeitet werden. Alle Umweltsignale laufen zunächst in einer ersten Schaltstelle auf, die zu dem Bereich des Gehirns gehört, welcher für die emotionale Steuerung des Verhaltens zuständig ist. Über Signale werden so Emotionen ausgelöst und erste Handlungsbereitschaften gezeigt. Hier entstehen dann die unterschiedlichen Motivationen und darüber erfolgt das Zeigen von Verhaltensmustern, nachdem die Umweltsignale in anderen Bereichen des Gehirns weiterverarbeitet wurden. Dieses »Weiterverarbeiten« bedeutet zum Beispiel auch das Abgleichen mit schon vorhandenen Gedächtnisinformationen aus früheren Erfahrungen. Das Abgleichen beinhaltet aber auch, dass interne Signale Einfluss nehmen. Interne Signale sind dabei zum Beispiel aktuelle Zustände des Stoffwechsels wie ein gesunkener Zuckerspiegel im Blut oder ein bestimmter Hormonstatus. Ein gesunkener Blutzuckerspiegel mag bei der gleichzeitigen Präsentation einer läufigen Hündin und eines Kaninchens dazu führen, dass nach Aufrechnen aller Kosten-Nutzen-Faktoren das Jagdverhalten gezeigt wird. Ein bestimmter sehr hoher Testosteronspiegel im Blut könnte unter Umständen den niedrigen Blutzuckerspiegel unbedeutend werden lassen.

GESCHLECHTSHORMONE ▸ Die verschiedenen hormonellen Regelkreise beeinflussen das Verhalten, indem die Hormone auch direkt in bestimmten Bereichen des Gehirns wirksam werden. Rezeptoren für männliche und

Bei dieser Momentaufnahme kann es sich auch um »Schnauzenzärtlichkeit« unter befreundeten Tieren handeln.

weibliche Sexualhormone findet man zum Beispiel in den Gehirnbereichen, die für die emotionale Steuerung des Verhaltens wichtig sind. Dabei zeichnen sich männliche und weibliche Säugetiere durch eine unterschiedliche Qualität und Quantität dieser Rezeptoren aus. So wirkt der Hormonstatus als interner Steuerungsfaktor auf Handlungsbereitschaften des Tieres ein, indem er Emotionen und Motivation beeinflußt.

SCHILDDRÜSENHORMONE ▸ Nicht nur die Geschlechtshormone wirken auf die Motivation. Man weiß mittlerweile auch um den Einfluß von anderen Hormonsystemen. Gerade die Schilddrüsenhormone und ihre Auswirkungen auf die Verhaltenssteuerung, die über die reine Stoffwechselfunktion hinausgeht, wurden in den letzten Jahren intensiver erforscht. Eine Schilddrüsenunterfunktion, also ein Mangel an den entsprechenden Hormonen, scheint recht eng mit einer erhöhten Angst- und Aggressionsbereitschaft im Zusammenhang zu stehen. Aber auch diese Daten sollte man noch sehr vorsichtig bewerten: Zum einen steht die 0-Linie für Aggressionsverhalten eben nicht fest und zum anderen ist gerade bei der Labordiagnostik der Schilddrüsenhormone auch noch keine ganz einheitliche Basis für die normale Hormonkonzentration gefunden. Man hat hier also das doppelte Problem der Ausgangsbasis, von der heraus man die Befunde interpretiert und bewertet. Letztendlich kann man zunächst nur Ergebnisse sammeln und daraus schließen, dass in bestimmten Rassen die Verteilung der Durchschnittshormonwerte unterschiedlich ist und dass statistisch gesehen bestimmte Hormonwerte mit bestimmtem gehäuftem Auftreten z.B. von Angst und Aggression in standardisierten Situationen korrelieren.

▸ Kastration als Therapie?

Dieser sehr intensive Ausflug in die interne Steuerung von Verhalten über Neurotransmittersystem und Hormone sollte nur noch einmal verdeutlichen, dass man nicht so einfach von »aggressiven« und »nichtaggressiven« Hunden bzw. ganzen Rassen sprechen kann. Und es sollte darüber auch deutlich werden, dass zum Beispiel eine Kastration als Mittel der Verhaltensbeeinflussung bei aggressiven Rüden vorsichtig zu bewerten ist. In Einzelfällen mag eine Kastration des Rüden dessen Aggressionsbereitschaft dämpfen, weil die Wirkung des Testosteron wegfällt. Dies ist aber keine mathematische Gleichung mit Standardergebnissen, je nachdem welche Variablen man verändert. Kastration als Therapie eines unerwünschten Aggressionsverhaltens beim Rüden sollte also immer eine Einzelfallentscheidung sein. Bei Hündinnen ist die Lage etwas anders. In der Regel spricht man Testosteron eine leicht aggressionsbereitschaftssteigernde Wirkung zu und Östrogen eine aggressionsbereitschaftssenkende Wirkung. Hündinnen, die von früh an, also seit der Pubertät, deutlich mit situationsinadäquaten, bzw. auffällig starkem aggressivem Verhalten auffallen, sollten nicht kastriert werden. Man sagt, dass hierbei durch den Wegfall der dämpfenden Wirkung des Östrogens das aggressive Verhalten in Qualität und Quantität verstärkt wird.

▸ Lernverhalten

Ein wichtiger Faktor für das Zeigen von Verhaltensweisen bzw. für die Motivation und letztendlich auch für das Zeigen von Emotionen ist das Lernverhalten. Gerade beim Aggressionsverhalten wird immer unterschätzt, welche immense Rolle Lernen spielt. Es bedeutet, sein Verhalten nach den Gegebenheiten der Umwelt auszurichten und anzupassen – Lernen dient immer der Optimierung des eigenen Zustandes (der eigenen Fitness). Letztendlich lernt der Hund nicht, um seinen Menschen, sondern um sich selbst einen Gefallen zu tun: Es geht um die Verbesserung der eigenen Situation. Genauso, wie sich ein Individuum nicht »nicht-verhalten« kann, kann ein Individuum nicht »nicht-lernen« oder nicht »nicht-kommunizieren«. Zu jedem Zeitpunkt seines Lebens (permanent 24 Stunden am Tag und 365 Tage im Jahr) nimmt ein lebendiges Wesen Signale aus der Umwelt auf, bewertet und verarbeitet sie und verändert sein Verhalten entsprechend der Situation. Ob Lernen tatsächlich stattgefunden hat, kann anhand qualitativer und quantitativer Verhaltensänderungen in einer bestimmten Situation gemessen werden.

VERBINDUNG VON VERHALTEN – LERNEN – KOMMUNIKATION ▸ Verhalten wird immer gezeigt, solange ein Lebewesen lebt; auch Schlaf ist ein Verhalten. Kommunikation bedeutet den Austausch von Information zwischen Sender und Empfänger. Das Verhalten, welches wir bei einem anderen Lebewesen beobachten, ist Teil der Information innerhalb der Kommunikation. Anhand einer Verhaltensänderung beim Empfänger kann der Sender feststellen, ob seine Information angekommen ist. Anhand von Verhalten (beibehalten oder verändern von Verhalten) kann ein Beobachter feststellen, ob Lernen stattgefunden hat. Lernen als aktiver Vorgang bedeutet, dass das

Individuum über seine Sinnesorgane Signale aus der Umwelt aufnimmt, in der dafür vorgesehenen zentralen Schaltstelle verarbeitet und sein Verhalten dementsprechend anpasst bzw. verändert. Stellvertretend für den Begriff »Signal« findet man in der Literatur auch die Begriffe »Reiz« oder »Stimulus«.

Systeme des Lernens

Die »Hardware« des Lernens ist genetisch determiniert – aber die Fähigkeit des Lernens ist immer auch das Resultat aus Hardware und frühen Erfahrungen, wie bei der Welpenentwicklung schon dargestellt. Jedes Lebewesen hat grundsätzlich zwei Möglichkeiten, die zum Überleben wichtigen Informationen und Fähigkeiten zu erlangen: erben oder lernen. Lernen zu können bedeutet einen zusätzlichen Vorteil im Überlebenskampf: größere Variabilitäten im Verhaltensrepertoire und größere Möglichkeiten der Adaptation an sich ändernde Umweltbedingungen. So hat sich mit der Entwicklung im Tierreich von den niederen und niedrigsten Organismen zu den hochorganisierten Säugetieren auch die Fähigkeit zum Lernen entwickelt. Interessant ist dabei, dass die Natur schon sehr früh in der Entwicklungsgeschichte der Tiere das grundlegende System des Lernens entwickelt hat: Lernen findet nach relativ wenigen und klar strukturierten Mechanismen auf der Ebene der Verknüpfung von Nervenzellen statt – also an den Synapsen. Im Verlauf der Entwicklungsgeschichte im Tierreich wurden diese Grundprinzipien nur weiter verbessert und verfeinert; die Prinzipien als solches haben sich nicht mehr geändert. Und so kommt es auch, dass wir bei Ameisen sehr ähnliche Lernvorgänge in einem bestimmten Rahmen vorfinden wie beim Hund oder Mensch. Bei Ameisen kann man zum Beispiel auch mit Motivatoren zum Lernen arbeiten – also mit positiven und negativen Verstärkern.

Kommunikation kann auch ohne direkten Blickkontakt stattfinden.

Lernen eines Signals.

Aggression unter Welpen

Wölfe und Hunde durchlaufen bestimmte Entwicklungsphasen, in denen sie sehr empfänglich für Umweltreize sind. Ein soziales Lebewesen muss Kommunikation und Spielregeln seiner sozialen Gruppe lernen und darüber letztendlich eine eigene Identität entwickeln. Ferner muss sich jedes Lebewesen an seine aktuelle (und damit in der Regel spätere) Umwelt habituieren, um später in gewissen Bahnen angst- und stressfrei leben zu können. Während der Sozialisationsphase ist ein Welpe am empfänglichsten für dieses Lernen und bildet sich sein Referenzsystem für sein ganzes späteres Leben. In dieser Phase lernt der Welpe auch Variationen und Modulationen des Aggressionsverhaltens. Dies wurde bereits ausführlich am Anfang des Buches besprochen. Elemente des Aggressionsverhaltens werden etwa ab der 4. Lebenswoche vom Welpen gezeigt, und dieses Auftreten ist zunächst genetisch verankert. Das Aggressionsverhalten wird, wie gesagt, zunächst wahllos und unkontrolliert gezeigt und der auslösende Reiz ist in der Regel der reine Anblick eines Wurfgeschwisters. Nur über Lernen an der belebten und unbelebten Umwelt kann sich dann ein Hund entwickeln, der später gerade nicht wahllos in alles reinbeißt, was ihm vor die Schnauze kommt.

Lerntheorien

Das »Lernen von Aggression« bzw. das Lernen von Verhaltensvariationen für bestimmte Situationen und das Lernen, welches Verhalten in bestimmten Situationen opportun ist, folgt den Prinzipien der Lerntheorie. Diese sind hier sehr vereinfacht dargestellt.

KLASSISCHE KONDITIONIERUNG ▸ Ein Signal, welches zunächst keine Bedeutung für das Tier hat, wird mit einem Signal gepaart, das (angeboren oder ebenfalls erlernt) schon eine Bedeutung hat und ein bestimmtes unbewusstes Verhalten beim Tier auslöst. Nach erfolgter Konditionierung löst das vormals neutrale Signal ebenfalls die entsprechende Reaktion aus. Ein schönes Beispiel für eine klassische Konditionierung, die unbewußt eigentlich jeder Hundehalter durchführt, ist das Lernen des Wortes »fein«. »Fein« ist zunächst ein Geräusch, welches keine Bedeutung für den Hund hat. Wenn ein Mensch das Signal »fein« immer mit Dingen paart, die für den Hund eine angenehme Bedeutung haben (Futter, Streicheln), dann erhält das »fein« nach entsprechenden Wiederholungen (= Konditionierung) ebenfalls diese angenehme Qualität.

INSTRUMENTELLE KONDITIONIERUNG ▸ Ein zunächst bedeutungsloses Signal wird mit einer bewussten Handlung des Tieres verknüpft (assozi-

iert). Nach einer entsprechenden Konditionierung löst das Signal das entsprechende Verhalten zuverlässig aus. Hierbei spielt die Motivation eine entscheidende Rolle. Lernen wird über Erfolg und Misserfolg des Verhaltens beeinflusst. Positive und negative Verstärker (umgangssprachlich: Belohnung und Strafe) wirken auf den emotionalen Zustand des Tieres und beeinflussen die Motivation, ein bestimmtes Verhalten beizubehalten, zu verstärken oder zu unterlassen. Ressourcen und der Zugang zu ihnen stellen grundsätzlich Verstärker dar.

ASSOZIATIONSZEIT ▸ Dies ist die maximale Zeitspanne, in der die korrekte Verknüpfung zwischen Signal und Verhalten oder Verhalten und Verstärker (positiv oder negativ) stattfinden kann. Die Assoziationszeit beträgt in jedem Gehirn, unabhängig ob Mensch, Hund oder Maus, nur knapp drei Sekunden – praktisch sollte man jedoch nur mit einer Assoziationszeit bis maximal eineinhalb Sekunden rechnen.

▸ Verstärkung von Verhalten

Wenn ein Tier die Erfahrung macht, dass eine bestimmte Verhaltensweise regelmäßig eine bestimmte positive Konsequenz zur Folge hat, wird das Tier diese Verhaltensweise öfter, schneller und stärker zeigen (= das Verhalten wird verstärkt). Der flüchtende Kontrahent in einer aggressiven Auseinandersetzung bewirkt diese Verstärkung ebenso wie der Mensch, der seine Hand zurückzieht, wenn er angeknurrt wird. Dies ist natürlich KEINE Empfehlung, die Hand oder sich selbst nicht zurückzuziehen, wenn ein Hund massives Drohverhalten oder sogar schon den Ansatz zur Offensive zeigt – im Gegenteil. Der Sicherheitsaspekt muss immer beachtet werden und

Der Hund zeigt ein bestimmtes Verhalten auf Kommando...

...und am Ende wartet die Belohnung.

seine eigene Haut zu retten ist für Menschen so wenig verkehrt wie für Hunde. Wenn man als Trainer oder Besitzer von vornherein schon weiß, dass es mit einem Hund in bestimmten Situationen Probleme aggressiver Art gibt, sollten diese Situationen auch von vornherein vermieden, kontrolliert oder entschärft werden, um letztendlich eine Basis für ein Verhaltenstraining zu haben, bei dem der Hund etwas lernen kann.

Zum Beispiel kann er lernen, dass Aggression unnötig und/oder unerwünscht ist. In der Verhaltenstherapie beobachte ich leider zu oft das Gegenteil: Besitzer stolpern immer wieder in die gleichen Problemsituationen und lassen sich vom Ernstfall überraschen statt sich durch konkrete Trainingssituationen handlungsfähig zu machen.

STRAFREIZE ▸ Die schmerzhafte Verletzung, die ein Hund im Konflikt mit einem Artgenossen davonträgt, kann ihn davon abhalten, sich beim nächsten Treffen auf einen Ernstkampf einzulassen. Sie kann aber auch dazu führen, dass der Hund beim nächsten Zusammentreffen mit dem Gegner früher und stärker droht oder sogar von null auf hundert in die Offensive geht. Massive Strafreize des Besitzers gegen einen aggressiven Hund bewirken so unter Umständen nur, dass der Hund noch mehr unter Stress gerät und letztendlich früher und massiver gegen den einen Gegner vorgeht, bevor sich der Nebenkriegsschauplatz zusätzlich aufbaut. Aus diesem Grund ist der Einsatz von Schmerzreizen bei der Therapie von unerwünschtem Aggressionsverhalten grob fahrlässig: Das Sicherheitsrisiko für alle Beteiligten ist zu hoch.

Es gibt hier einen klassischen Lehrsatz aus der Verhaltensbiologie: Aggression erzeugt immer Gegenaggression.

Die aggressive Reaktion (Strafe) des Besitzers auf seinen aggressiven Hund bewirkt beim Hund also zumeist nur noch mehr Aggression statt den Lerneffekt in die andere Richtung zu fördern. Der Mensch als das »einsichtige« Wesen, als das er sich doch immer so gern hinstellt, sollte also bei solchen kritischen Situationen schlauer sein und den Aggressionskreislauf unterbrechen.

BELOHNUNG ▸ »Beruhigende« Worte des Besitzers gegenüber seinem aggressiven Hund stellen aber ebenso eine Belohnung dar wie das übliche Schimpfen. Was in menschlichen Augen eine Belohnung darstellt, muss vom Hund nicht unbedingt als solche empfunden werden und umgekehrt. Als Belohnung empfindet der Hund z.B. die »beruhigenden Worte« in einer Krisensituation. Der Hund versteht den Inhalt der Worte ja nicht. Wenn ein Hund beim Tierarzt auf dem Tisch aus Angst beißt und dafür mit (vermeintlich) netten Worten »beruhigt« wird

Dies ist eine eindeutige Warnung – wer jetzt weiter nach vorne geht, hat selber Schuld!

oder eventuell zur »Ablenkung« noch gestreichelt wird, lernt er zwei Sachen:

- Frauchen findet es gut, wenn ich beiße, denn sie lobt und streichelt mich dafür;
- Auch Frauchen reagiert in dieser Situation anders als sonst, also muss an der komischen Sache etwas dran sein und es war richtig, dass ich mich so aufgeregt habe.

Sie haben dem Hund also eine bestimmte Sache beibringen wollen (sei ruhig und hab keine Angst) – und der Hund hat durch Ihr Verhalten das genaue Gegenteil gelernt (Angst ist gut und Schnappen noch viel besser).

Schutzhundausbildung

Eine korrekt durchgeführte Schutzhundausbildung nach den neuesten Erkenntnissen des Lernverhaltens und Hundeverhaltens generell halte ich übrigens nicht für bedenklich im Sinne einer Steigerung der Aggressionsbereitschaft eines Individuums. Sinn dieser Ausbildung ist ja gerade, dass beim Hund Elemente des Aggressionsverhaltens hochritualisiert unter Signalkontrolle gestellt werden. Das Training zielt darauf ab, dass der Hund außerhalb dieses Signals das Verhalten auch nicht ohne weiteres zeigt. Ein Restrisiko bleibt wie bei jedem Hund: Dort, wo sich ein Hund massiv bedroht fühlt, wird er sich auch wehren, und kurz bevor man gefressen wird, ist einem wohl jede Signalkontrolle egal. Dabei kann das Signal ein direktes Kommando des Hundeführers sein wie auch eine standardisierte Situation. Ein direktes Signal wäre zum Beispiel »Fass« und erlaubt über den Unterschied »Signal vorhanden oder Signal nicht-vorhanden« eine deutliche Unterscheidungsmöglichkeit für den Hund. Eine standardisierte Situation wäre das Weglaufen des Täters (Figuranten), nachdem er bereits »in Gewahrsam« genommen worden ist. Hier ist ein intensiveres Training nötig, um die Unterscheidungsmöglichkeit des Hundes zu gewährleisten. Schließlich soll er nicht plötzlich anderen weglaufenden Personen im Alltag hinterherhetzen.

Jagdverhalten

Jagdverhalten sollte nicht zum eigentlichen Aggressionsverhalten gezählt werden. Da aber die Folgen eines unangemessenen Jagdverhaltens für Menschen oder andere Tiere genauso unangenehm sein können wie die von echtem Aggressionsverhalten und da die Übergänge zwischen reinem Jagdverhalten und reinem Aggressionsverhalten fließend sind, soll es hier doch kurz erwähnt werden. Hunde mit einem breiten Beutespektrum können ohne weiteres einen Artgenossen oder einen Menschen als Beute attackieren. Hunde von Bauhundrassen mit einem breiten Beutespektrum können in diesem Sinne durchaus Säuglingen im Kinderwagen gefährlich werden. Und wieder ist, wen wundert es, die Sozialisationsphase eine der wichtigsten Zeiten im Leben des jungen Hundes, die darüber entscheidet, wie groß das spätere Beutespektrum des Hundes ist. Eine zweite wichtige Phase wäre aber auch noch zu Beginn der Zeit, wenn sich bei Hunden das Jagdverhalten komplexer und kompetenter als solches entwickelt, also ungefähr ab dem 6. Lebensmonat. In dieser Zeit sollte der Hund keine positiven Jagderfahrungen machen. Jedes Erfolgserlebnis ist eine Belohnung und wird die Motivation zum Jagen verstärken.

Geringere Probleme mit unerwünschtem Jagdverhalten hat man auch dort, wo der Hund als Welpe z.B. an Kaninchen sozialisiert wurde. Wir setzen darum in unseren Welpengruppen Kaninchen ein, die wiederum sehr gut an Hunde sozialisiert wurden. Zusätzlich wird auf Sicherheit für die Kaninchen geachtet (Rückzugsmöglichkeiten, Kontrolle der Welpen) und es wird bewertet, ob die Kaninchen noch artgemäßes Verhalten zeigen oder ob Zeichen für Stress vorliegen. Schließlich soll dieses Training für Hunde nicht auf Kosten der Kaninchen gehen.

Davon abgesehen ist das beste Vorbeugen gegen Jagdprobleme die perfekte Kontrolle über den Hund. Und dieses Training kann ihnen niemand abnehmen. Lernen braucht Zeit und häufige Wiederholungen – oder hatten Sie ihren Schulabschluss bereits in der 4. Klasse geschafft und haben auf jede Englischvokabel nur einmal schauen müssen, um sie perfekt im Kopf zu haben?

Unterschiedliche Formen von Aggressionsverhalten

- **Schmerz- oder schockbedingte Aggression:** Genetisch eng fixierte Handlung zur Schadensvermeidung.

- **Hormonell bedingte Aggression der Hündin:** Hündinnen können innerhalb der ersten Wochen nach der Geburt der Welpen oder während einer Scheinträchtigkeit mit erhöhter Aggressionsbereitschaft gegenüber Eindringlingen (artfremd/artgleich) im Territorium reagieren. Wenn sich die Situation wieder geändert hat und die Welpen zum Beispiel abgestillt oder abgegeben sind, ändert sich auch diese Aggressionsbereitschaft wieder. Dies ist ein normales Verhalten im Sinne der Fitnesssteigerung – kann aber in seiner Ausprägung durch eine gute Sozialisation an Hunde und an andere Menschen niedrig gehalten werden. Kompetitiv bedingte Aggression gegen andere Hündinnen während der Läufigkeit wäre ebenfalls hier einzuordnen.

- **Hormonell bedingte Aggression des Rüden:** Für Rüden gilt im Sinne der Steigerung der IF das Gleiche wie für Hündinnen. Und auch hier kann eine perfekte Sozialisation viele Probleme auffangen oder mildern. Echte hormonell bedingte Aggression des Rüden muss einem bestimmten Profil folgen: Der Hund muss die soziale Reife erlangt haben (i.d.R. deutlich später als das Ende der Pubertät) und er muss andere Anzeichen von hormonell gesteuertem Verhalten zeigen, z.B. extrem starkes Erregungsverhalten beim Treffen einer läufigen Hündin.

- **Territorial bedingte Aggression beider Geschlechter:** Sie wird ebenfalls frühestens nach Erreichen der sozialen Reife gezeigt.

- **Pathologisch bedingte Aggression:** Sie kann infolge jeder Erkrankung

Das Apportieren eines Dummys ist eine jagdliche Beschäftigung für diesen Labrador-Retriever.

oder jedes Traumas auftreten, bei der oder dem das Gehirn geschädigt wird. Zum Glück sind echte pathologisch bedingte Aggressionen sehr selten. Der viel zitierte »Hirntumor«, der für so viele Aggressionsprobleme von Hunden immer eine Rolle spielen soll, hat nur eine Häufigkeit von unter 1 % solcher Problemfälle.

- **Angstbedingte Aggression:** Hierauf wurde schon ausführlich eingegangen. Angst vor dem Verlust von Ressourcen ist eigentlich etwas, was in allen anderen Bereichen, die schon genannt wurden, immer auch eine Rolle spielt.

- **Rangbezogene Aggression:** Der Begriff »Dominanzaggression« ist unglücklich, denn er impliziert, dass Aggressionsverhalten nötig ist, um einen bestimmten Rang zu erlangen, und bewirkt so, dass Hundehalter bei einem Problem innerhalb der sozialen Hierarchie der Gruppe unnötig drastisch und aggressiv gegen ihre Hunde vorgehen. Dies führt zu einer großen Verletzungsgefahr nicht nur für die Hunde, sondern auch für die Menschen. Rangbezogene aggressive Auseinandersetzungen entstehen im Konflikt um Ressourcen innerhalb der eigenen sozialen Gruppe.

- **Spielerische Aggression:** Spiel ist eine Taktik/ein Hilfsmittel, um ohne ernstere Kosten soziale Konflikte zu lösen und Informationen über des anderen Fähigkeiten und Ambitionen zu gewinnen. Dabei zeigen Hunde, die in Gruppen gehalten werden, Aggression aus einer sozialen Interaktion heraus schneller als Wölfe. Hier könnten Hunde im sozialen Miteinander mit Menschen ähnlich reagieren, sodass Situationen, die als Spiel beginnen, Ernst werden können, bevor der Mensch es merkt.

Harlie

Spielverhalten

▸ Typische Spielelemente

Hunde können allein oder mit Partner spielen. Sie zeigen Renn- und Verfolgungsspiele, spielen einzeln oder zu zweit mit Objekten oder zeigen ein reines Sozialspiel ohne weitere Objekte. Hunde haben einige typische Spielelemente im Verhalten wie z.B. die Vorderkörpertiefstellung. Davon abgesehen werden im Spiel alle Elemente des kompletten Verhaltensrepertoires bunt gemischt und ohne den eigentlichen Sinn zu erfüllen aneinander gekoppelt. Gerade dies zeichnet Spiel aus: Durch bestimmte, eindeutig definierte Signale wird angezeigt: »Was jetzt folgt, ist Spiel«, und dann werden, zum Teil bunt durcheinander geworfen, die verschiedensten Verhaltensweisen gezeigt. Typischerweise werden diese Verhaltensweisen dann sehr übertrieben dargestellt – mit aufwendiger Gestik und Mimik. Dieses übertriebene Verhalten wiederum wird von Menschen dann oft als »welpenhaft« bezeichnet.

▸ Spielverhalten im Tierreich

Spielverhalten wird nicht nur bei Säugetieren gezeigt, sondern auch bei Vögeln und Reptilien. Spielverhalten bei Tieren wird von Menschen durch alle Kulturen und Altersstufen eigentlich immer recht zuverlässig und eindeutig als solches erkannt. Obwohl schon 1898 die erste wissenschaftliche Abhandlung über das Spielen bei Tieren geschrieben wurde und das Thema seitdem immer wieder Gegenstand intensiver Forschung war, gibt es gerade beim Spielen noch viele Fragen zu Definition, Sinn und Zweck dieses Verhaltens. Konrad Lorenz sagte einmal: »Fragt mich nicht nach einer Definition für Spiel.« Es gibt auch momentan keine zufriedenstellende Definition für Spiel, die auf alle Lebensabschnitte eines Tieres und für alle möglichen Spielsituationen anwendbar ist.

Zu den Funktionen des Spielverhaltens gibt es unterschiedliche Hypothesen. In den früheren Kapiteln wurde auf die Zweckgebundenheit von Verhalten im Sinne der Steigerung der Fitness eingegangen. Es wurde gesagt, dass alles Verhalten zweckgebunden im Sinne von Bedarfsdeckung und Schadensvermeidung ist und so letztendlich im Sinne der Fitnesssteigerung. Einige Forscher haben in ihren jeweiligen Definitionen von Spielverhalten dann auch das »offensichtliche Fehlen von Zweckgebundenheit« aufgeführt.

KOSTEN-NUTZEN-RECHNUNG ▸
Auch der Begriff der Kosten-Nutzen-Rechnung wurde schon angeführt: Der

Junge Dalmatiner bei einem Raufspiel.

Nutzen eines Verhaltens muss insgesamt die Kosten aufwiegen, da das Tier sonst auf Dauer in eine negative Energiebilanz kommt. Gerade beim Spielverhalten kann man den Eindruck haben, dass dies unter Umständen nicht der Fall ist – dass eine Kosten-Nutzen-Rechnung also nicht ausgeglichen oder sogar positiv sein kann.

Was wären die tatsächlichen und hypothetischen Kosten von Spielverhalten? Das Verhalten an sich kostet Energie; während gespielt wird, kann nichts anderes gemacht werden (Jagen z.B.); während des Spielens ist man unter Umständen weniger wachsam gegen Feinde und insgesamt für Feinde stärker erkennbar; auch im Spiel besteht ein Verletzungsrisiko.

Wenn nun aber so breit durch das Tierreich hindurch Spielverhalten zu beobachten ist, dann muss sich die Natur etwas dabei gedacht haben – dann müssen hier nutzbringende Elemente vorhanden sein, die die Kosten des Spiels nicht nur aufwiegen, sondern die Bilanz sogar ins Positive setzen.

▸ Training fürs Leben

Spiel steigert die körperlichen Fähigkeiten: Die Muskeln werden trainiert, die Koordinationsfähigkeit und Reaktionsschnelligkeit wird verbessert und das Herz-Kreislauf-System wird ebenfalls trainiert.

Im Spiel werden Fertigkeiten trainiert, die für das Leben in der sozialen Gruppe wichtig sind. Kommunikationsverhalten in jede Richtung wird geübt: Dominanz- und Unterordnungsgesten, Aggressionsverhalten und Deeskalationsgesten. Die soziale Kompetenz wird im Spiel geübt, und über Spielinteraktionen entwickeln und intensivieren sich spezielle soziale Bindungen (Freundschaften). Aber auch hierarchische Strukturen innerhalb einer Gruppe (auch bei erwachsenen Tieren) werden häufig über Spielsequenzen gebildet und gehalten.

Sequenzen aus dem Jagdverhalten werden trainiert. Bei Katzen weiß man z.B., dass deren spätere Fähigkeiten als Jäger direkt damit zusammenhängen, wie früh und wie intensiv der Katzenwelpe spielen konnte.

Tatsache ist, dass sich Hunde, die in ihrer Welpenzeit nicht spielen konnten, nicht korrekt entwickeln. Messbar sind z.B. qualitative und quantitative Unterschiede bei der Entwicklung von Gehirn und restlichem Körper.

▸ Spaß am Spiel

Einige Forscher sagen heute sogar, dass einer der Zwecke von Spielverhalten bei Tieren schlicht und ergreifend auch der »Spaß« dabei ist. Ein Tier kann uns nicht direkt sagen, ob es Spaß hat bei einer bestimmten Beschäftigung oder nicht. Aber über Beobachtungen und Analogieschlüsse (analog: Gleiche

Strukturen bedeuten gleiche Vorgänge) zum Menschen kann man sicher sagen, dass interne physische und psychische Vorgänge, die wir als »Erholung« bezeichnen, wohl auch bei unseren Tieren zu beobachten sind. So wie Spiel uns Menschen zur Entspannung dient, wäre dies auch für Tiere denkbar und dann hätte man darüber einen weiteren Nutzfaktor dieses Verhaltens. Andere Forscher streiten die Spaßkomponente momentan noch vehement ab – die Zukunft wird hier hoffentlich noch Antworten bereithalten.

Im Sinne der Abwendung von Problemen, die im Zusammenleben zwischen Hund und Mensch entstehen können, wäre es sicher gut, Spiel nicht nur als eine Spaß-Erholungs-Komponente zu sehen, sondern differenzierter zu betrachten. Beim Aggressionsverhalten wurde es ja schon einmal gesagt: Aus Spiel kann für den Hund schneller Ernst werden, als der Mensch dies unter Umständen mitbekommt – und schon wäre ein Problem da.

▸ Spiel in der Jugend

Spielverhalten wird – erkennbar aus den oben genannten Funktionen – hauptsächlich bei jungen Tieren gezeigt, während die Intensität nach Erreichen der sozialen Reife nachlässt. Hunde spielen als erwachsene Tiere deutlich häufiger als erwachsene Wölfe und so hat man früher den Hund auch häufig als einen »in der Jugendphase stehen gebliebenen Wolf« bezeichnet. Solche Vergleiche werden heute, nachdem wir sehr viel mehr über Hundeverhalten wissen, nicht mehr so gern gezogen. Man sieht den Hund als Tierart mit eigenem, wenn auch dem Wolf noch sehr ähnlichem Verhaltensrepertoire. Durch die Zucht des Menschen wurden bestimmte Elemente im Verhalten selektiert – und dies mag auch für die generelle Bereitschaft zum Spielen gelten. Andere Wissenschaftler sagen, dass der domestizierte Hund einfach mehr Zeit hat als der Wolf, da er schließlich nicht mehr auf die Jagd gehen muss. So bleibt mehr Zeit z.B. für Spielsequenzen.

Die Körpersprache zeigt es deutlich: hier wird gespielt.

▸ Stressindikator

Spielverhalten ist ein guter Indikator dafür, ob ein Tier Stress hat bzw. ob es unter einem andauernden Stresszustand leidet. Ein andauernder Stresszustand führt zu einer deutlich nachweisbaren Erhöhung eines der so genannten »Stresshormone« im Blut, des Cortisols. Bekannt ist, dass Säugetiere ab einem bestimmten Cortisol-Level nicht mehr spielen. Wenn Hunde also plötzlich deutlich weniger spielen als vorher oder sogar ganz aufhören, ist dies ein Hinweis auf einen dauerhaften Stresszustand und damit ein Hinweis für tierschutzwidrige Lebensbedingungen.

Im akuten Konflikt- oder Stressgeschehen dagegen kann man bei Hunden durchaus ein plötzliches Zeigen von Spielverhalten beobachten. Hier wird das Spielverhalten als Möglichkeit gesehen, einen Konflikt zu deeskalieren, einen Kontrahenten zu beschwichtigen und zusätzlich Adrenalin über die Muskeltätigkeit abzubauen – also den aktuellen Stresszustand zu beseitigen. Auf die positiven Konsequenzen von kurzfristigem, also aktuellem Stressgeschehen wurde ja schon bei der Welpenentwicklung hingewiesen. Dauerhafte Stresszustände dagegen sind beim Hund genauso krank machend wie beim Menschen.

▸ Spielverhalten Mensch–Hund

Spielverhalten kann von Mitgliedern einer Art gegenüber Mitgliedern einer anderen Art gezeigt werden. Und so zeigen Hunde auch Spielverhalten gegenüber Menschen. In einer Umfrage in den USA in den 90er-Jahren stellte sich heraus, dass bis zu 44 % der Zeit, die Menschen sich mit ihren Hunden beschäftigen, dem Spielen gewidmet ist. Interessant ist die Tatsache, dass es keinen Unterschied hinsichtlich Qualität und Quantität des Spiels zwischen Hund und Mensch macht, ob der Hund nun als Einzelhund gehalten wird oder ob noch ein oder mehrere andere Hunde im Haushalt leben.

Im Spiel Mensch-Hund scheinen Hunde mehr Betonung auf Kommunikation und die soziale Komponente zu legen, während im Hund-Hund-Spiel (auch bei Hunden, die sich erst kurz kennen) schneller Konflikte um »Beutestücke« entstehen können.

Spiel oder Training? Am besten beides gleichzeitig!

AUSWIRKUNG AUF DIE RANGORDNUNG ▸ Es gibt Hundehalter, die sagen, »Mein Hund spielt nicht.« Hier haben Studien der letzten Jahre interessante Erkenntnisse gebracht: Gerade das Spielen mit Objekten (auch allein) kann dem Hund vom Halter in kurzer Zeit antrainiert werden, wenn dabei konsequent nach einem Belohnungsprogramm vorgegangen wird. In der gleichen Studie wurde auch untersucht, ob es Auswirkungen auf die Hierarchie zwischen Halter und Hund hat, ob der Hund ein Zerrspiel um ein Objekt gewinnt oder nicht. Interessant war das Ergebnis, dass der Ausgang des Spiels keine Auswirkungen auf die hierarchische Struktur hat – wohl aber die Tatsache, wer das Spiel beginnt. Dabei sei deutlich gesagt: Der »Beginner« ist nicht der, der das erste Mal den Ball wirft, sondern der, der das Mitspielen des anderen erreicht oder der erreicht, dass der andere losgeht und das Spielzeug holt!

Tipps zu generellen Trainingsgrundlagen

Nabel-der-Welt-Training

Wenn man dem Hund emotional »hinterherrennt« und auf jedes Verhalten von ihm achtet, hat er es nicht nötig, auf den Menschen zu achten. Dies ist eine schlechte Grundlage für jede Form von Training. Nur wenn der Hund weiß, »die oder der ist wichtig, auf die muss ich achten«, kann man Veränderungen im Verhalten über Training leicht erreichen.
Die meisten unserer Hunde leben in dieser Hinsicht wie im Schlaraffenland. Es wird sehr viel mit ihnen kommuniziert und den meisten Verhaltensweisen von ihnen wird Aufmerksamkeit geschenkt. Der Hund hat es so nicht nötig, für die angenehmen Dinge des Lebens zu arbeiten. Das müssen Sie ändern!
Machen Sie sich zum Nabel der Welt für Ihren Hund.
Ignorieren Sie den Hund häufiger – besonders, wenn er etwas von Ihnen will!
(Ignorieren bedeutet: nicht anschauen, nicht ansprechen, nicht anfassen!)
Planen Sie als Kontrast Zeiträume ein, wo Sie aktiv den Kontakt mit Ihrem Hund starten.
Das Gleiche gilt natürlich für all die anderen angenehmen Dinge des Lebens: Spielsachen, die immer da sind, Futter, das permanent dasteht. Für etwas, das einem freiwillig gegeben wird, muss man nicht arbeiten – die Motivation sich anzustrengen ist dann gering. Gibt man dem Hund aber Motive, genau auf den Menschen zu achten, wird sich das positiv auf die Erziehung auswirken.

▸ Durchführung:
Der Hund wird tausendmal am Tag gestreichelt und es wird tausendmal am Tag mit ihm gespielt – aber NUR, wenn der Mensch es will und die Interaktion startet. Wenn der Hund von allein ankommt und gestreichelt werden will, wird er ignoriert. (Erinnerung: **Ignorieren bedeutet: Nicht anschauen, nicht ansprechen, nicht anfassen!**) Für den Besitzer bedeutet dies, dass er in die Luft schaut und die Hände ruhig hält – unter Umständen muss man sogar ruhig aufstehen und gehen, wenn der Hund zu aufdringlich wird. Wichtig ist dabei tatsächlich das vollständige Ignorieren. Nur so setzen Sie ein deutliches Signal für den Hund. Wenn sich der Hund dann vom Menschen zurückzieht, wird er 2–3 Minuten später herangerufen: »Hey – jetzt habe ich Lust, dich zu streicheln. Also komm und es passiert was Nettes.«
Das Gleiche gilt für den Fall, dass der Hund zum Spiel auffordert. Der Mensch hat das Spielzeug griffbereit auf einem Schrank und mehrmals täglich holt er es und bietet dem Hund das Spiel an. BEVOR der Hund die Lust verliert, beendet der Mensch das Spiel, indem er einfach weggeht und etwas später beiläufig das Spielzeug wegtut.
So lernt der Hund, dass die angenehmen Dinge des Lebens vom Menschen kommen – und nur, wenn der Mensch es will. Der Hund wird so generell aufmerksamer gegenüber dem Menschen, um auch ja kein Signal zu verpassen, wann der Mensch einmal wieder Lust haben könnte zu Streichel- oder Spielsequenz.

Nichts ist umsonst!

Ihr Hund muss eine grundsätzliche Spielregel für das Leben mit seinen Menschen lernen. Über diese Spielregel haben Sie bessere Einwirkungsmöglichkeiten auf Ihren Hund. Die Spielregel heißt: »Nichts ist umsonst.«
Allein durch eine gut etablierte Kommunikation mit dem Hund hat man viele Möglichkeiten, Verhaltensweisen eines Hundes subtil zu steuern. Gehorsamsübungen als Spiel- und Spaß-Übung haben dabei zusätzlich den Zweck, dass täglich eine (positive) Interaktion zwischen Ihnen und dem Hund stattfindet.
Dabei wird der Hund an das System **»Kommando – Aktion – Belohnung«** gewöhnt: Er lernt eine wichtige Spielregel, die das Zusammenleben zwischen Mensch und Hund regelt. Wenn Ihr Hund etwas Richtiges gemacht hat, bekommt er es gesagt in Form von »Fein«/Leckerli. Wenn er etwas Falsches/Unerwünschtes gemacht hat, bekommt er es gesagt in Form von deutlichem Ignorieren. So lernt er, dass bestimmte Verhaltensweisen einfach unökonomisch sind: Hier wird Energie verschwendet, denn der gewünschte Erfolg (z.B. die Aufmerksamkeit des Besitzers) stellt sich nicht ein. Diese Form der Kommunikation wird auf das gesamte häusliche Leben ausgedehnt. Da dadurch viele widersprüchliche Signale entfallen, leben solche Hunde generell stressfreier.

▸ Durchführung:
Sie beginnen mit einfachen Kommandos, die der Hund schon kennt, bzw. bringen sie dem Hund bei, so wie es beschrieben ist.
Beispiel »Sitz«, wenn Ihr Hund »Sitz« schon kennt:
Sie sagen zu Ihrem Hund »Sitz«. Wenn er sich sofort setzt: Belohnung.
Wenn er stehen bleibt, drehen Sie sich sofort um und gehen weg (Ignorieren!).
Dieses machen Sie im Rhythmus von 2–3 Sekunden (!) bis zu 10 – 15 mal hintereinander. Nur so lernt der Hund: Signal befolgen bringt Erfolg – Signal nicht befolgen bringt Misserfolg.
Dieses üben Sie mit mehreren Kommandos.
Bedenken Sie: Auch die Reaktion des Hundes auf das Rufen seines Namens ist ein eigenständiges Befolgen eines Kommandos und muss sowohl extra trainiert als dann auch belohnt werden.
Wenn Ihr Hund »Sitz« noch nicht kennt:
Dem vor ihnen stehenden Hund wird ein Leckerli mit der Hand von vorne über den Kopf nach hinten bewegt. 99,9% aller Hunde folgen dieser Bewegung mit dem Kopf und setzen sich dabei hin. Diese Aktion des Hundes wird zeitgleich mit dem Wort »Sitz« bezeichnet und belohnt.
Handsignal: Hand/Arm nach oben.

Sie brauchen ein deutliches Belohnungssignal für Ihren Hund. Futter ist hier meist der beste Weg, und die meisten Hunde zeigen dafür ein deutliches Interesse.
Wichtig: Das Futter muss immer in einer Tüte parat sein. Wenn man es erst umständlich aus dem Schrank holen muss, ist es zu spät. Belohnt wird dann einfach das Verhalten, das man beim Hund haben will – ignoriert wird alles andere Verhalten.
Da Hunde fressen müssen, bekommt Ihr Hund natürlich weiterhin sein Futter – aber nichts weiter. Für jeden Leckerbissen muss er arbeiten, und wenn es nur das »Sitz« ist! **Motivatoren wirken am besten, wenn sie ansonsten rar sind.** Insofern kann man auch Spiel oder Körperkontakt als Motivator einsetzen. Auch das verbale Lob kann bei einigen Hunden ausreichen. Probieren Sie aus, was bei Ihrem Hund am besten »zieht«. Von Vorteil ist natürlich, wenn Sie mehrere mögliche Belohnungen zur Auswahl haben, die Sie variabel einsetzen können.

Wenn ein Motivator (= Belohnung) etabliert ist, wird täglich mit Ihrem Hund geübt. Es reichen die üblichen Dinge wie »Sitz«, »Platz«, »Hier« und, wenn er gut dabei ist, noch »Bei Fuss«. Üben Sie unregelmäßig über den Tag verteilt, sodass für den Hund kein Rhythmus erkennbar ist. Üben Sie in kurzen Sequenzen. Lieber 10–20-mal 5 Minuten üben als umgekehrt. Üben Sie zunächst an wechselnden Stellen im Haus, danach im Garten und später im Wald etc. Als Ziel sollte angestrebt werden: Ihr Hund reagiert sofort, d.h. befolgt das Kommando, auch wenn mit leiser, ruhiger und beiläufiger Stimme gesprochen wird – und dies bei mindestens 90 % der gegebenen Kommandos. Dabei kann man auch im Haus die Situationen im Schwierigkeitsgrad variabel gestalten: Einer spielt mit Ihrem Hund und der andere ruft ihn; merkwürdig verkleidete Personen auf der Terrasse/dem Balkon/der anderen Straßenseite lenken Ihren Hund ab ... hier ist der Fantasie der Besitzer keine Grenze gesetzt.
Am Anfang wird jedes Mal und immer belohnt. Funktionieren die Befehle gut, darf nur noch in Intervallen und für den Hund nicht vorhersehbar belohnt werden. Für jedes 5. oder 2. oder 8. erfolgreiche »Sitz« gibt es dann ein Leckerli. Nach dem gleichen Prinzip funktionieren z. B. Daddelautomaten in Spielhallen: Sie wären längst nicht so attraktiv, wenn man genau wüsste, dass nach jedem 20. Lauf regelmäßig ein kleiner Gewinn kommt. So hofft man bei jedem Spiel aufs Neue auf einen hohen Gewinn und bleibt am Ball.

Benutzen Sie Gehorsamsübungen nie als Strafmaßnahme. Training soll beiden Spaß machen. Verlangen Sie auch am Anfang nicht zu große Schritte und Erfolge. Wenn Sie z.B. draußen den Namen Ihres Hundes rufen und er dreht nur den Kopf zu Ihnen, ist das schon ein großer Erfolg! Auf diese Weise erlangen Sie im Laufe der Zeit eine gute Kontrolle über ihn.

Service

AGONISTIK Alle Verhaltensweisen, die geeignet sind, eine räumlich-zeitliche Distanz zu einem Gegner herzustellen. Dazu gehören defensive (Drohen) und offensive Verhaltensweisen (Attacke).

AXON Abführende Faser einer Nervenzelle, worüber die Reizweiterleitung zu anderen Zellen stattfindet.

DEESKALATION Konfliktbereinigung/Konfliktabschwächung ohne offensive Elemente. Auf Schadensminimierung bei beiden Seiten ausgerichtet.

DEPRIVATION Mangel; z. B. an wichtigen Stimuli und Einflüssen während der Welpenentwicklung.

DISTRESSGERÄUSCHE Sie zeigen an, dass sich ein Lebewesen unwohl fühlt, Angst oder generell Stress empfindet.

DOMESTIKATION Haustierwerdung

DYADE Zwei Lebewesen interagieren (Kommunizieren) miteinander.

ERNSTKAMPF Kampf auf Leben und Tod.

ETHOLOGIE Vergleichende Verhaltensforschung bzw. heute Verhaltensforschung schlechthin.

FÄHE Weiblicher Wolf

GENETISCHE PRÄDISPOSITION Veranlagung zu einer bestimmten anatomischen und physiologischen Entwicklung aufgrund der Erbinformation.

GESCHLECHTSREIFE Ab Erreichen der Geschlechtsreife kann sich ein Lebewesen fortpflanzen (7.–12. Lebensmonat, je nach Rasse).

HABITUATION Gewöhnung

HIERARCHIE Rangordnung im weitesten Sinne, Struktur einer Gruppe.

HOMÖOSTASE Gleichgewicht

HORMONE Botenstoffe im Körper; bewirken Verhaltensänderungen. Werden zumeist mit dem Blut transportiert.

IMPONIEREN »Angeben« im weitesten Sinne. Zeigen, wer man ist und was man hat. Kann Bluffen beinhalten.

INDIVIDUELLE FITNESS Ausmaß, wie weit ein Lebewesen die eigenen Gene zum Genpool der nächsten Generation beisteuert.

INFANTIZID Kindstötung

INSTINKT Alter Begriff für eng genetisch fixierte Verhaltensweisen, wird heute in der modernen Verhaltensforschung nicht mehr benutzt

KERNTERRITORIUM Bereich, den ein Lebewesen mindestens zur Bedarfsdeckung braucht.

KONDITIONIERUNG Festigung von etwas Erlerntem durch sehr häufiges Wiederholen in kurzem Zeitabstand.

- **KONSOLIDIERUNGSPHASE** Phase des Trainings; hier Einschleifen von Handlungsmustern und Bewegungsabläufen.
- **KONVENTION** Übereinkunft, Abkommen. Kann stillschweigend und aus Tradition heraus zustande kommen.
- **LONELINESS CRY** Verlasssenheitssignal; Ruf nach den Rudelkumpanen.
- **MODULATION** Modulieren = verändern, beeinflussen; auch im Sinne von gegenseitigem Zusammenspiel.
- **MYELINSCHEIDE** Eiweißhülle; umgibt bestimmte Nervenfasern.
- **NATURE VS. NURTURE** Englische Phrase für den Streit, welche Elemente im Verhalten eines Lebewesens angeboren und welche erlernt sind.
- **NEONATALE PHASE** Entwicklungsphase eines Lebewesens direkt nach der Geburt.
- **NEURON** Nervenzelle
- **NEUROTRANSMITTER** Chemischer Überträgerstoff. Überträgt Informationen von einer Nervenzelle zur nächsten.
- **OBLIGAT SOZIALE LEBEWESEN** Das soziale Miteinander mit Lebewesen der eigenen Art ist unbedingt nötig zum Überleben.
- **OPPORTUN** Angebracht, geeignet
- **PERIPHERES NERVENSYSTEM** Alle Nerven, die aus dem Gehirn oder Rückenmark entspringen und den kompletten restlichen Körper mit Informationen versorgen.
- **RESSOURCEN** Lebens- bzw. überlebenswichtige Dinge wie Futter, Wasser oder Territorium.
- **REZEPTOREN** Spezielle chemische Verbindungen auf Zelloberflächen, an denen z. B. Neurotransmitter individuell andocken können.
- **RUDEL** Gruppe von Hunden oder Wölfen, die in einem Sozialverband leben.
- **RÜDE** Männlicher Hund oder Wolf
- **SITUATIONSADÄQUAT** Angepasst an eine bestimmte Situation.
- **SOZIAL EXPANSIVES VERHALTEN** wird gezeigt, wenn das Tier innerhalb der sozialen Gruppe eine höhere Rangstellung erreichen will.
- **SOZIALE REIFE** Ab jetzt gilt das Tier als sozial erwachsen (12.–36. Lebensmonat, je nach Rasse).
- **SOZIALISATIONSPHASE** Hier lernt das Tier die Spielregeln und die Kommunikation innerhalb seiner sozialen Gruppe. Es gewöhnt sich an die Umgebung, in der es später leben soll/wird.
- **SUBMISSION** Unterordnung
- **SYNAPSE** Verbindungsstelle zweier Nervenzellen.
- **ZENTRALNERVÖS** Über oder im Zentralnervensystem ablaufend
- **ZENTRALNERVENSYSTEM** Setzt sich aus Gehirn und Rückenmark zusammen. Hier findet die Verhaltenssteuerung im eigentlichen Sinne statt.
- **ZUCHTLINIEN** Über mehrere Generationen werden nur Abkömmlinge bestimmter weniger Elternpaare verpaart. Der Verwandtschaftsgrad von Einzeltieren innerhalb einer Zuchtlinie ist groß.

Zum Weiterlesen ...

... finden Sie hier eine Auswahl an Hundebüchern aus dem Kosmos-Verlag

Verhalten

Collins, Sophie: Schwanzwedeln. Hundesprache auf einen Blick.

Feddersen-Petersen, Dr. Dorit: Ausdrucksverhalten beim Hund. Mimik und Körpersprache, Kommunikation und Verständigung.

Handelman, Barbara: Hundeverhalten.

Jones, Renate: Aggression bei Hunden. Von Besitzanspruch bis Drohverhalten.

Nijboer, Jan: Hunde verstehen mit Jan Nijboer.

Rütter, Martin: Sprachkurs Hund. Körpersprache verstehen, richtig kommunizieren.

Rütter, Martin und Jeanette Przygoda: Angst bei Hunden. Unsicherheiten erkennen und verstehen, Vertrauen aufbauen.

Schöning, Dr. Barbara: Hundeverhalten.

Haltung

Führmann, Petra und Iris Franzke: Zwei Hunde – doppelte Freude. Haltung und Erziehung von zwei und mehr Hunden.

Glanz, Christiane: Der Rüde. Wesen, Haltung, Gesundheit, Erziehung.

Kusch, Carola: Die Hündin. Wesen, Verhalten, Pflege, Gesundheit.

Poetting, Beate und Sabine Winkler: Endlich Zeit für einen Hund. Hunde für die besten Jahre.

Theby, Viviane: Das Kosmos-Welpenbuch. Entwicklung und Auswahl, Eingewöhnung und Welpenschule. Mit Geräusch-CD zur sanften Gewöhnung.

Winkler, Sabine: Kosmos Handbuch Hund. Rassen, Haltung, Erziehung, Beschäftigung, Gesundheit.

Winkler, Sabine: Welpenkindergarten. Prägung, Spiel und Erziehung.

Ernährung

Bucksch, Martin: Ernährungsratgeber für Hunde.

Hans, Sabine: Iss was, Dog! Kochen für mich und meinen Hund.

Rauth-Widmann, Brigitte: 1 x 1 der Rohfütterung.

Erziehung

Bloch, Günther: Der Wolf im Hundepelz. Hundeerziehung aus unterschiedl. Perspektiven.

Fichtlmeier, Anton: Grunderziehung für Welpen.

Fisher, Sarah und Marie Miller: 100 Wege zum perfekt erzogenen Hund.

Führmann, Petra und Iris Franzke: Erziehungsprobleme beim Hund.

Führmann, Petra und Nicole Hoefs: Erziehungsspiele für Hunde.

Führmann, Petra, Nicole Hoefs und Iris Franzke: Die Kosmos Welpenschule.

Grewe, Michael und Inez Meyer: Hunde brauchen klare Grenzen. Gesetze einer Freundschaft.

Krauß, Katja: Hunde erziehen mit dem Clicker.

Mücke, Anke: Zufrieden an der Leine. Der Weg zum leinenführigen Hund.

Tellington-Jones, Linda: Tellington-Training für Hunde. Mit DVD.

Toll, Claudia: Kommt nicht, gibt's nicht. So klappt der Rückruf bei jedem Hund.

Winkler, Sabine: Fein gemacht! Hunde richtig motivieren und belohnen.

Winkler, Sabine: So lernt mein Hund.

Beschäftigung

Blenski, Christiane: Schnüffelspiele für Hunde.

Büttner-Vogt, Inge: Spiel & Spaß mit Hund. Beschäftigungsideen für zu Hause und unterwegs.

Doepp, Simone und Gabriele Metz: Trick Dogs. Coole Kunststücke für pfiffige Hunde.

Heinrichsen, Melanie, A. König und N. Minkner: Longiersport für Hunde.

Lübbe, Perdita und Ulrike Thurau: Das Kosmos Buch vom Apportieren. Such und Bring!
Nijboer, Jan: Hunde beschäftigen mit Jan Nijboer. Mit der Trendsportart Treibball.
Schneider, Dorothee: Fährtentraining für Hunde.
Theby, Viviane und Michaela Hares: Agility.
Weber, Nicole: Dog Dancing.
Zvolsky, Norma: Die Kosmos-Retrieverschule. Grunderziehung und Dummytraining.

Gesundheit

Achner, Heike: Hausapotheke für Hunde.
Bergmann-Scholvien, Claudia: Schüßler-Salze für meinen Hund.
Brehmer, Marion: Bach-Blüten für die Hundeseele.
Biber, Dr. Vera: Allergien beim Hund.
Buksch, Dr. Martin: Notfallapotheke für Hunde.
Narath, Elke: Massage für Hunde.
Niepel, Gabriele: Kastration beim Hund. Chancen und Risiken – eine Entscheidungshilfe.
Rakow, Dr. Barbara: Homöopathie für Hunde.
Rustige, Dr. Barbara: Hundekrankheiten.
Stein, Petra: Bach-Blüten für Hunde.

Nützliche Adressen

Hundeerziehung

Hundeschule Struppi & Co.
Neusurenland 4
D – 22159 Hamburg
Tel.: 0 40 - 60 84 97 91
www.struppi-co-hundeschule.de

Berufsverband der Hundeerzieher/innen und Verhaltensberater/innen BHV e. V.
Eichenweg 2
D - 65527 Niedernhausen
Tel.: 0 61 28 – 95 00 80
www.bhv-net.de

Gesellschaft für Tierverhaltensmedizin und –therapie GTVMT e.V.
www.gtvt.de

TTouch und TTEAM
www.tteam .de

Hundesport

Deutscher Hundesportverband e. V. (dhv)
www.dhv-hundesport.de

Tierärzte

Bundestierärztekammer
www.bundestierärztekammer.de

Haustierzentralregister

TASSO e.V.
Frankfurter Str. 20
D - 65795 Hattersheim
Tel.: 06 19 0 – 93 73 00
www.tiernotruf.org

Hunde aus dem Tierheim

Deutscher Tierschutzbund e.V.
Baumschulallee 15
D – 53115 Bonn
Tel.: 02 28 – 60 49 60
www.tierschutzbund.de

Rassehunde-Verbände

Verband für das Deutsche Hundewesen VDH e.V.
Westfalendamm 174
D - 44141 Dortmund
Tel.: 02 31 – 56 50 00
www.vdh.de

Österreichischer Kynologenverband ÖKV
Siegfried-Marcus-Str. 7
A - 2362 Biedermannsdorf
Tel.: 00 43 / 22 36 – 71 06 67
www.oekv.at

Schweizerische Kynologische Gesellschaft SKG
Länggassstr. 8
CH - 3012 Bern
Tel.: 0041 / 31 – 3 06 62 62
www.hundeweb.org

Fédération Cynologique Internationale FCI
Place Albert 1er, 13
B - 6530 Thuin
Tel.: 0032 / 71 – 59 12 38
www.fci.be

Register

Bildnachweis

Farbfotos von Toni Angermayer (2: S. 125, 161), Angela Beck (2: S. 12, 21), Heike Erdmann (6: S. 116, 142, 163 unten, 190, 224, 225), Heike Erdmann/Kosmos (6: S. 15, 35, 36, 53, 85, 126), Thomas Höller (20: S. 5 oben links, 8 oben, 11, 27 beide, 28, 54, 62 oben, 71, 78, 117, 116, 122, 143, 147, 150, 151, 153, 165, 175), Thomas Höller/Kosmos (8: S. 5 oben rechts, 23, 33, 60, 62 unten, 63, 64, 133), Juniors Bildarchiv (14: Brinkmann S. 6/7, Liebold S. 5 unten linksl, 25 oben, Oechslein S. 4 unten rechts, 8 unten, 80, Schanz S. 31, Wegner S. 103, 176 unten, 177, 178, 188, 212, 213), Lothar Lenz (2: S. 4 Mitte, 16), Marianne Lins (10: S. 171 unten, 182, 183 beide, 184, 185 beide, 194 beide, 195), Pedigree Pal (4: S. 105, 111, 112, 124), Reinhard Tierfoto (7: S. 83, 96, 117, 118, 119 unten, 120, 218), Ralf Roppelt/Sahara Werbeagentur/Kosmos (Kapitelkennfotos ohne Hund), Marc Rühl/Kosmos (4: S. 24, 49, 61, 86), Christof Salata/Kosmos (alle übrigen 71 Aufnahmen), Barbara Schöning (3: S. 121, 221 beide), Karl-Heinz Widmann (27: S. 1, 25 unten, 42, 44, 101, 127 beide, 128, 130, 132, 136, 137, 140, 141, 144, 145, 154, 164, 167, 168, 169, 187, 192, 193, 196, 197, 215). Farbzeichnungen von Milada Krautmann (S. 129, 135)

Barbara Handelman
Hundeverhalten
Mimik, Körpersprache und Verständigung
Mit über 1000 ausdrucksvollen Fotos
KOSMOS

Impressum
Umschlaggestaltung von eStudio Calamar unter Verwendung von zwei Aufnahmen von Ulrike Schanz.

Mit 215 Farbfotos und 2 Farbzeichnungen (Bildnachweis S. 238).

Unser gesamtes lieferbares Programm und viele weitere Informationen zu unseren Büchern, Spielen, Experimentierkästen, DVDs, Autoren und Aktivitäten finden Sie unter **www.kosmos.de**

Alle Angaben in diesem Buch erfolgen nach bestem Wissen und Gewissen. Sorgfalt bei der Umsetzung ist indes dennoch geboten. Der Verlag und die Autorinnen übernehmen keinerlei Haftung für Personen-, Sach- oder Vermögensschäden, die aus der Anwendung der vorgestellten Materialien und Methoden entstehen könnten.

FSC © **Mix**
Produktgruppe aus vorbildlich bewirtschafteten Wäldern, kontrollierten Herkünften und Recyclingholz oder -fasern
www.fsc.org Zert.-Nr. SGS-COC-004278
© 1996 Forest Stewardship Council

Gedruckt auf chlorfrei gebleichtem Papier

ISBN 978-3-440-12510-6
Redaktion des Doppelbandes: Angela Beck
Grundlayout: eStudio Calamar
Produktion: Eva Schmidt
Printed in The Czech Republic / Imprimé en République Tchèque